レジリエンス
エンジニアリング
応用への指針

レジリエントな組織になるために

Christopher P. Nemeth,
Erik Hollnagel［編］

北村正晴［監訳］

日科技連

Resilience Engineering in Practice Volume 2: Becoming Resilient
Edited by Christopher P. Nemeth and Erik Hollnagel

© Christopher P. Nemeth and Erik Hollnagel 2014

All Rights Reserved.
Authorised translation from the English language edition published by CRC Press, a member of the Taylor & Francis Group.
Japanese translation rights arranged with Taylor & Francis Group through Japan Foreign-Rights Centre.

監訳者まえがき

レジリエンスエンジニアリングの受入れ（学術分野）

　レジリエンスエンジニアリングは，21 世紀初頭から欧米を中心に急速な発展を続けている，安全探求の新しい方法論である．筆者は，この方法論の本邦定着を目指して解説書『レジリエンスエンジニアリング―概念と指針』(Hollnagel 他, 2006) および『実践レジリエンスエンジニアリング』(Hollnagel 他, 2011) などの解説書を訳出してきた．レジリエンスエンジニアリングに関する関心は，広い範囲で高まりつつある．昨年 (2016 年) 開催された日本学術会議主催の安全工学シンポジウムでは，レジリエンスエンジニアリングを主題としたセッションが 3 つも設定され，高い関心を集めたことはその現状を反映しているといえよう．大学関係での研究に関しては，筆者が関係している東北大学に加えて，東京大学，早稲田大学，立教大学，京都大学，大阪大学，岡山大学，香川大学など多くの大学でレジリエンスエンジニアリングの応用研究が精力的に進められている．

レジリエンスエンジニアリングの受入れ（産業分野）

　学術分野での受入れ進展と比べると，レジリエンスエンジニアリングの産業現場への応用は活発とは言い難い．実際に，解説講演を行った後などに，「レジリエンスエンジニアリングの考え方が重要であることはよく理解できた．しかし，この考え方にもとづいて，自社の安全性向上を図るために具体的に何をすればよいのか，よく理解できない」というコメントを受けることが少なくない．

　レジリエンスエンジニアリングの考え方を，応用，または実装するための指針が上記の文献等には必ずしも明示的には与えられていないことから，この種のコメントがなされるものと考える．実際には，レジリエンスエンジニアリングのパイオニアである Erik Hollnagel が提唱した Resilience Analysis Grid (RAG) (Hollnagel 他 (2011) のエピローグに解説あり) に代表される，いくつかの実装のための指針が提案されている．しかし，現場への応用を具体的に進めるには，多様な問題領域を対象例とした，より具体的な説明が望まれているのが実情である．

本書の内容はその要望への回答

　本書には，この要望への回答ともいえるより具体的な方策が，さまざまな分野を対象として紹介されている．以下，各章の内容について簡単に解説を記す．読者は章の配列にこだわらず，ご自身が予備知識を有する分野の事例説明にまず目を通されることをお勧めしたい．その章の内容理解を通じて，レジリエンスエンジニアリングを実務に応用する方策についての基本的な考え方を知ることができれば，本書への取組みが容易になるものと考える．なお，レジリエンスエンジニアリングの実装を効率的に進める方策に関係している**第10章**や**第12章**を最初に読むというやり方も，読者の関心内容によっては有効なものと考える．

　第1章では，「災害リスクマネジメントや気候変動への対応に際して，社会システムがどのように適応すべきであるか」という考察にもとづいて，安全性と持続可能性を統合した**社会的レジリエンス**(societal resilience)という概念が導入されている．そしてこの社会的レジリエンスを評価するための参照用質問群が提示されている．提案手法の適用対象課題は，ボツワナとタンザニアの**災害リスクマネジメントと気候変動適応**のためのシステム能力評価である．

　第2章では，**高圧ガス輸送ネットワークの安全**を維持する問題が論じられている．とりわけ運用に影響を与える「外部からの干渉」(例えばパイプラインの近くで作業をしていた土木会社のトラックによるパイプラインの損傷など)への対処方策が重点的に研究されている．特徴としては，**記述**(description)**から対処法**(prescription)をどのように導くべきかという視点から課題を捉えていることが挙げられる．

　第3章は，レジリエントな行動の阻害要因になる**サプライズ**に着目した研究である．サプライズが起きることはレジリエントな行動を阻害する．著者らはサプライズには根本的サプライズと状況的なサプライズがあるという見方を示した．晴れた日に突然激しい雨が降ることは，驚きではあっても想像不可能ではないという意味で状況的なサプライズである．一方，仮にパリの市街地で火山活動が起きたならば，それは地質学や火山学の知識を根本から見直すことを要請するので根本的なサプライズである．この2種類のサプライズの存在と，対応措置の差異に目を向けることを提唱している．応用として**医療機関の情報技術**(IT)**システム**の機能停止事例が分析されている．

　第4章は，東京電力福島第一原子力発電所の事故事例を題材とした，**事故調査**のあり方に関する考察である．大きな事故が起こった後の事故調査では，事故の発生以前の状況から事故の一応の収束に至るまでのシナリオに含まれるさまざまな失敗事象群

が同定され，それぞれの失敗に対する再発防止策が策定されるというやり方が広く行われている．結果として，再発防止策は多岐にわたる膨大なものになるうえ，それらの防止策の十分性は必ずしも明らかでない．このようなアプローチを補完する方式として，レジリエンスエンジニアリングが提唱する主要4能力に着目した原因分析と再発防止策の提言が可能であること，このやり方のほうがより高い説明能力（アカウンタビリティ）を有することをこの章は主張している．

どのような産業領域であれ，その安全を維持・向上させるには，その安全パフォーマンスを測定できることが望まれる．**第5章**の目的は，**安全パフォーマンス測定システム（SPMS）**が満たすべき一般的な基準を補完する，レジリエンスエンジニアリングの視点による SPMS の一評価基準を提案することである．この一連の基準を**建設分野**において実施された2つの事例に適用し，その有用性を確認している．建設という業務は，その不安定さやダイナミックに相互作用する要素が多く含まれることなど，複雑システムの典型的な特徴を有するものと捉えられている．このような対象業務には，レジリエンスエンジニアリングの原則や手法は特に適しているとこの章では主張している．

組織のレジリエンスと適応能力とは密接に関連している．**第6章**は，複雑な業務環境における**現場サイドの適応**を分析するためのフレームワークに目を向けており，さまざまな業務の状況における適応の体系的な同定と分析を行うことは，システムのレジリエンスと脆弱性の要素を解明するための重要な方策になりうるという主張がなされている．この視点に立って，適応能力を分析するためのフレームワークが提唱され，それにもとづく事例分析がなされている．第一の事例は，**危機対応チーム**（crisis command team）がチームを再編することによって外乱に対して適応するが，後に失敗するというもの，第二の事例は，**産科病棟のチーム**が高い業務負荷に対処するために適応した成功である．これらの事例を通じて，提唱されたフレームワークの有効性が確認されている．

第7章では，レジリエンスエンジニアリングは単独の安全方法論としてではなく，伝統的なロバスト的安全を目指す**安全マネジメントシステムと統合**されるかたちで導入されるべきことを強調している．また，レジリエンスをシステムに持ち込むことが必ずしも安全をもたらさない，あるいは事故を引き起こすことさえあることを警告している．その例として，レジリエンスの能力が低いとき，リソースが欠けているとき，組織にレジリエンスのフィロソフィーが欠如しているとき，などの例を挙げて，機能共鳴事故が起こる具体例も示している．レジリエンスエンジニアリングは万能薬では

ないというこの章の主張は，レジリエンスエンジニアリングの現場導入を考える際の重要な留意点といえよう．

第8章ではレジリエンスエンジニアリングの通常のアプローチとは異なり，個々のチーム，個々の組織のレベルにおける行為やプロセスが社会技術システムの上位または下位のレベルに対してどのような影響を及ぼし合うのかという観点からの検討が示されている．着目している事例はスウェーデンの**鉄道トンネルプロジェクトの設計**段階における意思決定プロセスである．この種のプロジェクトにおいては，個々の関係者は最終決定の権限を有しておらず，さまざまな関係者がそれぞれの視点で意思決定を行う．この章では，社会技術システムにおいて**異なるレベル間での相互作用**がレジリエントなシステムの設計に対してどのような課題をもたらすかを示し，この相互作用を考慮する必要性を強調している．

第9章の著者らは，従来から困難化する状況下での人間の対応能力を強化するための訓練方策を探求してきている．この章はその延長線上の研究成果が報告されている．最初に**高リスク産業におけるチーム訓練**の従来の方式のなかにはレジリエンスエンジニアリングの考え方と相容れない点があることを示し，そのような訓練に対する代替案を提案している．将来的な目的は，高リスク産業におけるチームパフォーマンスの訓練と評価のための手法を開発し，それをレジリエンスエンジニアリングの理論により整合させることである．

第10章では，組織やグループのレジリエンス向上を図るためには，それに先立って，実務遂行の過程に存在する**脆弱性**(brittleness)を実務担当者が自覚することが重要であるという前提に立って，**発電事業における保全作業担当者**を対象としたワークショップを実施した結果が詳しく紹介されている．レジリエンスを強化するという直接的アプローチではなく，脆弱性を明らかにするという間接的アプローチは，一定の合理性を有している．脆弱性をもたらす要因への気づきを支援するために，Woodsらによる適応失敗の基本パターンに関する知見(Hollnagel 他, 2011，第10章)や，高信頼性組織論からの知見が参照されている．この章で示されている質問例や指標類を自社の実態に適合させるかたちに修正するというやり方を採用すれば，産業現場へのスムーズな応用が可能になるものと期待できる．

第11章は，内容的に他の章とやや異質であり，2001年9月11日に起きた世界貿易センタービルへのテロ攻撃後，グラウンド・ゼロでなされた**瓦礫撤去と復旧**の作業分析を主テーマとしている．効果的な作業遂行には，対象環境中に多様なセンサーを配備して，それらからの情報獲得と分析を的確に行うことが重要な役割を果たす．こ

こでセンサーのデータをどのように収集し分析するかについての組織の決定内容は，臨機応変的な内容を含まざるを得ず，その意味でレジリエントなパフォーマンスやその背後にある意思決定プロセスを推測させる手がかりを与えるはずである．このような観点から，実際に行われた作業内容の分析がなされ，想定外な大災害に直面した組織がレジリエンスを発揮した実態が明らかにされている．

　最後の第12章では，レジリエンスエンジニアリングの現場応用に関してとりわけ重要な指針が提唱されている．レジリエンスエンジニアリングにおいては，**基本となる4つの能力**，すなわち対処する（responding），監視する（monitoring），予見する（anticipating），学習する（learning）の能力が重視されている．したがって，着目対象である社会技術システムやその運用を担う組織について，それらのシステムや組織がこれらの4能力をどの程度備えているかを吟味することが，レジリエンスの高さを評価する自然なやり方である．前述のRAGという方法論はこの視点に立って提案されている．しかし，個別・具体的な応用に際しては，上記の4能力は必ずしも同じ重要度を有しているわけでない．この章では，問題領域に応じて，上記4能力の重要性は異なってくることに着目して，4能力の一部だけを**先行的に向上**させることに意味があると主張している．この段階的向上策は，レジリエンスエンジニアリングの現場応用に際しての困難さを低減させる，注目すべき提案と評価できる．

　以上に述べたように，本書では，先行する文献に比べて現場応用に関する指針がより具体的なかたちで提示されている．これらの具体的指針を適切に応用すれば，ある程度の成果は得られるはずである．それらの成果を実感したうえで，Hollnagel他（2006；2011）のような先行文献を読み返すことも推奨したい．読み返しを通じてレジリエンスエンジニアリングに関する理解がより深まれば，応用に関してもいっそう効果的な方策を立案・導入することが可能になるはずである．

レジリエンスエンジニアリングの応用に際しての基本要件

　安全の探求に関係する方法論は多岐にわたる．社会技術システムの安全は，現代社会の重要なテーマであることを考えればこのことは当然といえる．ただそれぞれの方法論は，それが対象としている問題領域によって，実装方策の具体性が異なることに注意する必要がある．機械技術システムや生産プロセスを対象とした，ものの働きに目を向けた安全探求の方法論としてはHAZOP（Hazard and Operability Study）やFMEA（Failure Mode and Effects Analysis）などが知られている．これらの方法論においては，ボトムアップ的に望ましくない事象が起きるメカニズムやその影響を体系

的・網羅的に吟味することができる．その意味で実装の手続きは相対的に理解しやすい．

　一方，レジリエンスエンジニアリングのように，社会技術システムを対象とする方法論においては，人間や組織の多様な振る舞いが安全を実現するための方策に直接影響することから，上記のような体系的・網羅的アプローチをとることは困難である．言い換えれば，社会技術システムにおける人間や集団の現場での行動をより深く見つめ，実務遂行の実態（Work-As-Done：WAD）を的確に把握したうえで，それを支援し強化する組織のあり方を考えることが必要なのである．困難な課題ではあるが複雑化し続ける現代の社会技術システムの安全性を向上させるために，ぜひとも乗り越えるべき課題である．本書がそのような課題解決に多大な貢献をする内容をもつことを実感いただけることを期待したい．

　本書の訳出体制について簡単に記しておく．本書の翻訳作業は，ヒューマンファクターや人間工学分野の第一線研究者である方々（五十音順に，大橋智樹，狩川大輔，菅野太郎，小松原明哲，高橋信，鳥居塚崇，中西美和，前田佳孝，松井裕子の各氏）に分担していただいた．監訳者自身も一部の章を訳出している．それらの原稿を集約したうえで，文体や用語の統一などは監訳者が実施した．訳出にご尽力いただいた皆様には心から御礼を申し上げる．また，翻訳者の皆様と小生をつなぐ幹事役をお引き受けいただいた小松原明哲先生にはとりわけ大きなお力添えをいただいた．深甚の謝意を表する次第である．なお，本書の記述内容に誤りや不適切な表記が含まれていた場合には，当然ながらその責任は監訳者にある．ご批評やご教示をいただければ幸いである．

　最後に本書を翻訳する意義をご理解いただき，多大なご支援をいただいた日科技連出版社の鈴木兄宏氏に，心からの感謝を申し上げる次第である．

2017 年 9 月

東北大学名誉教授，株式会社テムス研究所所長

北 村 正 晴

参 考 文 献

Hollnagel, E., D. D. Woods and N. Leveson (eds) (2006). *Resilience Engineering : Concepts and Precepts*, Ashgate Publishing, Aldershot, England. （北村正晴（監訳）(2012)．『レジリエンスエンジニアリング―概念と指針』，日科技連出版社）

Hollnagel, E., J. Pariés, D. D. Woods and J. Wreathall (eds) (2011). *Resilience Engineering in Practice : A Guidebook*, Ashgate Publishing, Surrey, England. （北村正晴，小松原明哲（監訳）(2014)．『実践レジリエンスエンジニアリング』，日科技連出版社）

訳注について

　本書では，読者の理解を助けるため，本文および図表に対して，適宜訳注を付した.

　表記方法は，本文については，章ごとに「＊1，＊2,……」と通し番号を振り，その当該ページの下欄に訳注を掲載し，また，図表については，当該図表の下に「＊」として掲載した．適宜ご参照いただきたい.

まえがき
レジリエンスを求めて

Christopher Nemeth

本書は，Ashgate 社が刊行している『実践レジリエンスエンジニアリング』シリーズの第2巻である．Ashgate 社が刊行している『レジリエンスエンジニアリングの展望』(Resilience Engineering Perspectives)というシリーズでは，レジリエンスエンジニアリングという分野がどのようなものかを論じているが，『実践レジリエンスエンジニアリング』(Resilience Engineering in Practice)シリーズでは，レジリエンスエンジニアリングの実際面が対象である．本書の各章は，既往の文献で提唱されている概念を現実に応用しようとした際に直面する課題への回答を探求したものである．それらの報告では，レジリエンスエンジニアリングの応用の第一段階としては成功していることと，基本的な概念から実際のシステムの設計や運用のやり方を変える方策へと展開するためには，まだ多くの課題が残されていることが示されている．

実際的課題を解決する機会

想定外の条件に対応して進化できるシステムの創成という課題は，設計やエンジニアリングに関して新しい考え方をつくり出すことを要求する．設計者やエンジニアの典型的な役割はシステムを開発することだが，さらにエンジニアはシステムが要求どおりに動作するように構築する役割を担っている．しかし，レジリエンスエンジニアリングのような新しいアプローチは，新しい能力も要求する．本書の各章で述べられているレジリエントな特性を有するシステムをつくるためにはどのような専門的能力が必要なのであろうか？ 予見されていなかった要求を満たすように適応できるシステムを開発するためには，エンジニア[*1]はどのようなスキルと機会を必要とするのであろうか？

長い間，無線用の鉄塔は強風の影響に耐えるために強固な基盤を用いてきた．しかし，その強固な設計は，鉄塔が構築できる高さを制約してきた．複数の支持用ワイヤ

[*1] 設計者とエンジニアの役割の違いについて欧米では広く認識されているが日本ではそうでもない．本書でいうエンジニアとは，設計・施工・運用まで視野に入れたシステム統合(integration)の役割を担う存在である．

ーで支えられた細い形状の無線塔では，風に対して硬さで抵抗する代わりに若干の変形が許容され，その結果，より高さのある設計が可能になっている．エンジニアリングの実践もまた，これに類した考え方の変更をすべき局面に直面している．

エンジニアは従来，安全なパフォーマンスを確かなものとするため，十分な安全余裕を保つ方策を探求してきた．この過程において彼らはこの安全余裕に影響を及ぼしうる変動の原因に対する抵抗策を開発してきている．このやり方は，変動の原因がよく知られているような定義が明確で安定した動作領域においてはうまく機能する．しかし近年は，動作の範囲も挙動も明確には定義されていないシステムの数が増大し，その重要性も増している．このような領域を対象とする業務は，日常的に，目的駆動型の人間・ハードウェア・ソフトウェア協働型社会技術システム (socio-technical systems) (Hollnagel & Woods, 2005) によってしか対処できない要求をもたらしている．このようなシステムにおいては，構成要素は個別的にではなく集団的に動作している．Woods (2000) は，このような全システム要素の相互作用を「エージェント—環境相互性」と名づけている *2．要素のパフォーマンスと相互作用からアウトカム行動がもたらされ，パフォーマンスについてのデータは要求仕様と比較されることになる．

エンジニアリングは「自然界に存在する物質の性質とエネルギー源とが人々にとって有益なものとするための」科学と数学の応用である (Merriam Webster, 2013)．レジリエンスエンジニアリングにおいて重要な役割を担うシステムズエンジニアリング (SE) においては，多数の要素が，有用な目的に役立つための実体として統合される．SE は「…分野統合型のアプローチであって，成功するシステムの実現を可能にする方法を意味する．その活動の課題は，顧客のニーズと必要とされる機能を開発サイクルの初期段階で定義し，必要要件を文書化し，設計の統合とシステムの妥当性検証を進める一方で，運用，パフォーマンス評価，製作施工，コストとスケジュール管理，訓練，支援，廃棄物処理までを含む全体問題について考慮することである」 (INCOSE, 2013) と定義されている．

この目的を満たすため SE は「…あらゆる学術分野と専門グループを一つのチームに統合し，それによって概念段階から生産や稼働につなげるに先立つ構造化された開発プロセスを形成」し，さらに「すべての顧客のビジネス上および技術上の双方のニーズを考慮して，すべてのユーザーのニーズを満たすような高品質の製品を提供する

---

*2　あるエージェントは，他のエージェントにとっては環境である．

ことを目的とする」(INCOSE, 2013). このプロセスはさまざまな構成要素を整合性の
ある総体(whole)として組み立てるが，その総体はどのように稼働するのか？　どの
ように需要に対処するのか？　困難な事態に耐える能力が限界に近づいたら何が起こ
るのか？　などの疑問が残る．これらの問いやその他の課題への回答は，これらのシ
ステムを開発する人々が採る新しいアプローチを通じて与えられよう．

レジリエンスについての展望

　レジリエントに機能するシステムを開発するために，エンジニアリング手法は多く
の異なる道筋で成長することができる．効果的なエンジニアリングはシステムのパフ
ォーマンスを通じて望ましいアウトカムを確実に得る．レジリエンスのルーチンを構
築するためには，エンジニアは何がうまく行かなくなるかを予想し，新しいツールを
開発し，適応的な解決策をモデル化する優れた設計を利用する．そのような意図を現
実のものにするための新しい取組みを以下に紹介する．

　再概念化せよ． システム構成要素の間で生じうるあらゆる相互依存性を描き出すこ
とは困難である．それらの依存性の多くは隠されているからである．その代わりに，
より高いレベルで設計問題にアプローチせよ．それによって単純な再構成から，拡張
や適応などの複雑なニーズに至る予見や必要な変化が可能になる．集中型のコマンド
アーキテクチャーやフラットなアーキテクチャーに加えて，多目的・多段階ネットワ
ーク構造も検討せよ．

　うまく行っていることについて調べる． 失敗に目を向ける従来型の安全と対照的に，
レジリエンスエンジニアリングは，作動していること，すなわちうまく行っているこ
とに目を向けることの重要さを強調する(Hollnagel, 2014). このことは，われわれが
「起きていること」として日常的に無視していることに注意することを要請する．そ
のような注意法を学習することはそれほど難しくない．何かを深く掘り下げるのでは
なく，何に注意を払うのかを変えればよいからである．従来型の安全に関する考察と
異なり，深さよりも広さが重要なのである．

　必要な想像力を養え． 組織が成功を収める方策は，失敗や損失が起きるに先立って，
リスクの変化を予見し，未来の視座をつくり出すことである(Woods, 2000).
AdamskiとWestrum(2003)は，必要な想像力とは，何がうまく行かなくなるかを先
読みし，開発プロセス全体をとおして疑いをもつ姿勢を維持する能力であると定義し
た．この特質をもつための要件として，彼らは実行されるべきタスクを完全に定義す
ること，組織としての制約条件を明らかにすること，システム設計者の世界とシステ

ム利用者の世界を合致させること，システムが動作する環境や作業が実際になされる場を考慮に入れること，過去の失敗を調査すること，実施されるタスク内容に適合する制御策を考えること，誤った行動が起きる可能性を考慮すること，困りごとや制約を考慮に入れること，を挙げている．これらは簡単な作業ではないし，このような未来予測の結果が要請するタスクをどのようにして支援するのか理解するためには，さらなる検討が必要である．

システムを開発し運用するための新しいツールを開発せよ． システムズエンジニアリングのツールと知識マネジメントツールは，人的ならびに組織的リスクを組み込んだものであるべきである．経験的なエビデンスにもとづいて，システムが適応する能力を制御またはマネジメントする方法を開発せよ．このことはシステムが，将来の好機や混乱を予見した際には適切な変更ができるという，自分の適応能力を監視する方法を開発することを含んでいる．システムの動作に関する知識を利用して，鍵となるシステム特性の分析にいつ着手するかについての条件を明らかにしてフィードバックを提供せよ．

レジリエンスエンジニアリングは，典型的には「マネジメント」と呼ばれる運用上のオーバーサイト[*3] を含んでいる．しかし，このタイプのオーバーサイトは，マネジメントが通常意味する以上の内容を意味している．レジリエンスエンジニアリングは，システムが自分自身の挙動に気づき，どの程度適応化したかの自己認識を要請するという意味でマネジメントと類似しているが，動作という範囲を超えて，システム自身が適応を可能にする特質を有していることを保証するための研究開発を含むという意味ではマネジメントと異なっている．

システムの運用を正しく理解しているマネジメント(担当者)は，予見していなかった変化が起きた場合についても，その戦略がどの程度機能するかについて正しく評価できると思われる．マネジメントの視点は，システムがどのように再構成されるべきかについて影響をもつが，そのような視点が運用上の要求の実態を反映するとは限らない．業務の現場(sharp-end)における作業者の視点を理解しないマネジメント担当者は，作業者が直面している要求や制約を誤認する恐れがある．現場の課題を正しく理解しないままの善意の努力は，原則的にも技術的にも驚愕させるような影響をもたらしうる．一例を挙げれば，多くの医療組織は，ソフトウェア開発コストの過大，警報による業務負担の増大，患者や患者の処置場所の誤認を含むモードエラー，煩雑で

---

*3　見守りと指導．

柔軟性に欠ける技術を補うためのショートカット（簡易処理）数の増加などの結果につながった誤った課題認識を経験している.

このことに関係するマネジメント活動には，生産性向上への圧力と損失の防止とのバランスをとることが含まれる．例えば，次のような方向での活動が推奨される．報告することを推奨する文化を育成せよ．状況がそれを要求するならば，修繕あるいは本格的な改革で対処せよ．問題の存在を示す兆候が拡大し始めた場合に問題に気づき対応することを可能にするために，現場第一線の監督者たちが重要な判断を下すことを可能にせよ．システムの動作について，それが安全性境界を侵し始めたならば気づくことができる程度には的確に理解せよ.

予想外の状況の発生と拡大を監視できる方策を創出せよ. 複雑なシステムはダイナミックであり，パフォーマンスを監視するだけでなく，予想外の状況を予見し対処できるために注意深い調整を行うための方法を必要としている．作業者たちはこれらについてどのように取り組み対処すべきかを知っている（難しさも知っている）．既往研究では，現場の実務担当者たちは業務を難しくする要因として8〜12の作業場所やタスク要因を明らかにした．代表例としては，他のグループとのインタフェース，限定的または欠落した入力情報，人員やリソースの不足などがある（Reason, 1997）．Wreathall（2001；2006）ならびに Wreathall と Merritt（2003）では，レジリエンスの諸側面に影響する指標の集合を調査しており，それらの指標を通じて，通常業務の実施に際して圧力が増大すると問題が生じることが示されている．また彼らは作業者が圧力の補償策としてどのような調整を行うかを明らかにしている．マネジメント担当者は多くの場合において要求の変化や現場での調整の必要性に無自覚である．上記の指標は，状況を明らかにするために選択されているが，加えてマネジメントが認識しておらず，現在の計画は要求変化に対処するためには十分でないという状況を明らかにできる可能性も有している.

生産性と安全性のトレードオフや犠牲を伴う決定の仕方を示すためのツールを開発せよ. 組織が安全性境界に接近し過ぎるリスクを低下させるために，状況の不確実さも勘案して生産性の目標をどの段階で緩和すべきかを知ることができるようにせよ．組織がこのような意思決定を考え実施するにはどうすればよいのか，またそのような行動を支援するには何が必要なのかを学習せよ.

副作用を可視化し予測するやり方を育成せよ. 想定外の状況を扱うためにシステムがパフォーマンスを調整するやり方を示す方法を開発せよ．他の部局や階層（echelon）からの圧力がシステムの特定の部分にどのように影響するのかを示せ．他

のシステムとの相互作用を考慮に入れよ，そしてそのような相互作用，例えば多段階連鎖的な効果(cascading effect)が存在することの意味に注意を払え．

良い設計を推奨し利用せよ．深い考察にもとづくプロトタイプを開発すれば，課題への解がどのように(良好に)適応するかについて評価することができる．Norman (2011)は「良い設計は複雑さ(それ自体は高い機能を実現するために必要なものである)を減らすのではなく，マネジメントすることを通じて扱いやすくし，その機能の良さを実感させる」と主張した．良い設計は，変化や不確実さへの適応に関する発見をモデル化するため利用できる．その結果得られるプロトタイプは，実現可能な未来について他者が理解し評価するための強いエビデンスを与えてくれる．

変動性を肯定的に受け止めてマネジメントせよ．新しいシステム構成は不確実さを持ち込んでくるし，不確実さを避けるために問題を限定しても不確実さを除去することはできない．システムやネットワークがどのように変化や混乱に適応しているかを探求するために非線形アプローチを受け入れよ．

レジリエンスエンジニアリングと同様に，このような機会は，専門家の実践行為を現在知られているものから，今後できることへ，そうなることが必要なことへの想像力への挑戦なのである．

本書の読み方

以下の各章では，本書の主題につながる重要なポイントについて読者の注意を喚起するために，また章によっては後続の章との関連を示すために，短いコメント(編者からひと言)を付け加えた．

それぞれの章では，医療，原子力，航空，鉄道トンネル，建設，災害からの復興などを含む実践の場におけるレジリエンスエンジニアリングの必要性についての考察が示されている．それらの章では，解決が望まれる実際的な問題点や，レジリエンスエンジニアリングを適用するために必要な新しいアプローチが探求されている．それらからの教訓は例えば以下のように要約される．

システムが実際にはどのように作動しているかを理解せよ．システムについての記述(description)をその適応性を高めるための対処法(prescription)に変換せよ．想像される仕事(work-as-imagined)と実際になされる仕事(work-as-done)の差異を明らかにし，経験から学習せよ．根本的なサプライズを乗り越えるための方策として学習し予見せよ．より微妙な安全指標，例えばプロセス安全や組織的ハザードなどについて注意を払え．

適応を，システムの監視方策(monitoring)やシステミックな学習を改善する方策とする見方に立って分析せよ．複数の階層間や行為者間の相互作用が社会技術システムに影響するかについて理解せよ．チームの訓練方式を個人ベースの訓練から，タスクは変化するものであることを認識するための分散認知アプローチへと変更せよ．以前には見えなかったものを認識する新しい見方を獲得し維持せよ．そしてそのようなものが認識されたならば，行動するようにせよ．事象の進行過程で多数のセンサーから得られる不完全な指示値や曖昧な指示値をトライアンギュレート[*4]し，これらの指示値のギャップがレジリエンス実現のための人間の認知について何を意味しているかを決定せよ．

適応システムという概念は，システムが何かをなしたやり方に関連している．「レジリエントな組織になること(Becoming Resilient)」は，これらの章で記述した内容がプロセスであることを意味している．それぞれの章が示すように，このプロセスは，方法，組織構造，業務プロセスなどについての新しいアプローチを含んでいる．

システムという概念は進化するのに時間を必要としてきた．レジリエンスエンジニアリングの構築もまた，他のアプローチが既に有している科学的手法，測定指標，対応方策などを開発するためには時間が必要であろう．

謝　　辞

本稿を執筆する過程で，David Woods, John Wreathall, Erik Hollnagel から深い理解に満ちたコメントをいただいたことについて深く感謝する．

[*4] トライアンギュレートとは，複数の理論，手法，リソースなどを使うことで結果の信頼性を高める方法を指す．

レジリエンス
エンジニアリング
応用への指針

目　次

xx

監訳者まえがき ……………………………………………………………………… iii

訳注について …………………………………………………………………………… ix

まえがき——レジリエンスを求めて ……………………………………………… xi

第1章　困難化しつつある目的に到達するための創発的手段——安全と持続可能なための社会的レジリエンス ——— 1

1.1　はじめに …………………………………………………………………………… 1

1.2　社会的レジリエンスの概念 …………………………………………………… 2

1.3　社会的レジリエンスの操作化 ………………………………………………… 7

1.4　結論 ………………………………………………………………………………… 11

編者からひと言 ………………………………………………………………………… 12

第2章　大規模技術システム（LTS）の安全オペレーションのための記述と対処法——最初の省察 ——— 13

2.1　はじめに …………………………………………………………………………… 13

2.2　大規模技術システム（LTS）としての高圧ガス輸送ネットワーク ……… 14

2.3　「外部からの干渉」の脅威 ……………………………………………………… 15

2.4　LTS におけるレジリエンスの観察とエンジニアリング ………………… 17

2.5　研究成果 …………………………………………………………………………… 20

2.6　記述から対処法まで …………………………………………………………… 26

2.7　結論 ………………………………………………………………………………… 29

編者からひと言 ………………………………………………………………………… 29

第3章　根本的および状況的サプライズ——レジリエンスの意味にかかわる事例研究 ——— 31

3.1　はじめに …………………………………………………………………………… 31

3.2　事例 ………………………………………………………………………………… 35

3.3　考察 ………………………………………………………………………………… 40

3.4　結論 ………………………………………………………………………………… 43

編者からひと言 ………………………………………………………………………… 44

目　次　*xxi*

第4章　説明責任を果たせる原子力安全を実現するためのレジリエンス　エンジニアリング —————————— 45

4.1　はじめに ……………………………………………………… 45

4.2　調査報告書の俯瞰 ……………………………………………… 47

4.3　より深い分析の必要性 ………………………………………… 50

4.4　知見と提言の再構成 …………………………………………… 51

4.5　結論 ……………………………………………………………… 57

編者からひと言 ……………………………………………………… 58

第5章　安全パフォーマンス測定システム──レジリエンスエンジニア　リングからの理解 —————————— 61

5.1　はじめに ……………………………………………………… 61

5.2　レジリエンスエンジニアリングの視点による SPMS の評価基準 … 62

5.3　研究方法 ………………………………………………………… 65

5.4　結果 ……………………………………………………………… 68

5.5　提案された基準にもとづく SPMS の評価 …………………… 70

5.6　結論 ……………………………………………………………… 75

編者からひと言 ……………………………………………………… 75

第6章　適応的パフォーマンスから学習するためのフレームワーク —— 77

6.1　はじめに ……………………………………………………… 77

6.2　複雑な業務環境における適応状態を分析するためのフレームワーク … 79

6.3　フレームワークの説明── 2つの事例 ……………………… 82

6.4　要約 ……………………………………………………………… 87

編者からひと言 ……………………………………………………… 91

第7章　レジリエンスはマネジメントされなくてはならない──レジリ　エンスアプローチを含む安全マネジメントプロセスの提案 —— 93

7.1　はじめに ……………………………………………………… 93

7.2　レジリエンスは事故を防げないし，事故を引き起こすことすらある … 96

7.3　責めない文化の確立 …………………………………………… 101

xxii

7.4 レジリエンスはマネジメントされなくてはならない ……………… 103

7.5 どのようにマネジメントすべきか …………………………………… 103

7.6 結論 …………………………………………………………………… 105

編者からひと言 ……………………………………………………………… 107

第8章 レジリエントな社会技術システムの設計が抱える課題の事例研究 —— 109

8.1 はじめに ……………………………………………………………… 109

8.2 鉄道トンネルの設計段階における意思決定プロセス ……………… 110

8.3 結果と分析 …………………………………………………………… 111

8.4 考察 …………………………………………………………………… 116

8.5 おわりに ……………………………………………………………… 117

編者からひと言 ……………………………………………………………… 118

第9章 レジリエンスエンジニアリング理論とチームパフォーマンスの理論的解釈の整合化に関する考察 —— 121

9.1 はじめに ……………………………………………………………… 121

9.2 従来の訓練方策 ……………………………………………………… 122

9.3 レジリエンスアプローチ …………………………………………… 123

9.4 対処と監視の訓練における重要な原則 …………………………… 125

9.5 議論のまとめ ………………………………………………………… 129

編者からひと言 ……………………………………………………………… 130

第10章 脆弱性を認識したレジリエンスの設計 —— 131

10.1 はじめに ……………………………………………………………… 131

10.2 基本原則 ……………………………………………………………… 132

10.3 脆弱性が起こっていることを観測する …………………………… 136

10.4 レジリエンスエンジニアリングの原則を実装 …………………… 136

10.5 レジリエンスを強化するための設計 ……………………………… 141

10.6 対処(適応)する ……………………………………………………… 142

10.7 監視する ……………………………………………………………… 143

10.8 予見する ……………………………………………………………… 144

目　次　*xxiii*

10.9　結論 ……………………………………………… 145

編者からひと言 ……………………………………… 146

第11章　レジリエントパフォーマンスのセンサー駆動型発見，グラウンド・ゼロでの瓦礫撤去事例 —— 147

11.1　はじめに ………………………………………… 148

11.2　研究のデザインと発展 ………………………… 149

11.3　所見 ……………………………………………… 155

11.4　考察と結論 ……………………………………… 160

第12章　レジリエントな組織になるために —— 167

12.1　はじめに ………………………………………… 167

12.2　安全文化 ………………………………………… 168

12.3　レジリエンスのつくり込み …………………… 173

12.4　レジリエンスへの道筋 ………………………… 175

12.5　結論 ……………………………………………… 178

参考文献 ………………………………………………… 181

索　　引 ………………………………………………… 199

執筆者略歴 ……………………………………………… 205

第1章
困難化しつつある目的に到達するための創発的手段──安全と持続可能なための社会的レジリエンス

Per Becker, Marcus Abrahamsson, Henrik Tehler

　社会を安全で持続可能なものにすることは，この複雑でダイナミックな世界の重要な課題といえる．このため，レジリエンスの概念を幅広い社会的状況に適用することへの関心が高まりつつある．本章では，すでに確立されたレジリエンスエンジニアリングの理論に立脚した社会的レジリエンスの概念を提示する．そして，その目的と，求められる機能，さらには，社会でこれらの機能を達成するために実際の形態の複雑なネットワークを特定したり分析したりする方法を示すことで，社会的レジリエンスを操作化[*1]する．

　社会的レジリエンスを分析するためのフレームワークは実際の応用を通じて吟味され，いくつかの興味深い結果が得られている．このフレームワークには課題と限界があるものの，社会的レジリエンスへのレジリエンスエンジニアリングによるアプローチは，理論的にも実践的にも意味のある試みといえよう．

1.1 はじめに

　現代社会はリスクの概念に満ちているようであり，最近の災害事例は，リスクを管理する組織のパフォーマンスに対する一般の人々の不満を増加させている（Renn, 2008, p. 1）．したがって，社会の安全性と持続可能性は，世界のさまざまな行政レベルや国における政策立案者の関心を集めている（例えば，OECD, 2003；Raco, 2007）．

　社会の安全性と持続可能性を高めるという課題は，さまざまなステークホルダーが関与している（Haimes, 1998, p. 104；Renn, 2008, pp. 8-9），考慮すべき価値判断があ

---

*1　operationalize という表記が最近のレジリエンスエンジニアリング分野では広く使われている．直訳すれば「操作化する」であるが，内容的には「ある状況に対応してどのような行為をするかを明らかにできること」とされている．

る(Belton & Stewart, 2002)，それに含まれるストレスがある(Kates 他, 2001, p. 641)などの事情から，困難な取組みといえる．これらに加えて，どのようなステークホルダーの価値判断がそれぞれのストレス感受性にどう影響するか，に寄与する多くの要因やプロセスも存在する(Wisner 他, 2004, pp. 49-84；Coppola, 2007, pp. 146-161)．

しかし，社会の安全性と持続可能性の真の課題は，そこに含まれる要素の数ではなく，これらの要素間の関係の複雑さと非直線性であり(Yates, 1978, p. R201)，そのため原因と結果の関係が空間的にも時間的にも隔たっていることである(Senge, 2006, p. 71)．困ったことに，安全性と持続可能性を発展させる過程でステークホルダーは，これらの問題を，機能ごとのセクター，組織の権限範囲，学問の分野などに関して限定することで，問題自体を小規模化することが少なくない(Fordham, 2007)．この小規模化は，リスクの全体的描像をわかりにくくするため，大きな弱点になる可能性が高い(Hale & Heijer, 2006, p. 139)．さらに世界のダイナミクスを高めるさまざまな変化のプロセス，例えばグローバリゼーション(Beck, 1999)，人口統計学的および社会経済的プロセス(Wisner 他, 2004)，環境劣化(Geist & Lambin, 2004)，現代社会の複雑さの増大(Perrow, 1999b)，気候変動(Elsner 他, 2008)などによって問題はさらに複雑化している．

このような状況において，レジリエンスエンジニアリングは，21 世紀以降の社会の安全性と持続可能性の課題に対処するための概念的枠組みを提供できる可能性を有している．

本章の目的は，社会的レジリエンスの概念を定義し，操作化することによって，社会の安全性と持続可能性に対する課題に取り組むための枠組みを提示することである．また，さまざまな状況における本フレームワークの適用例も示す．

1.2 社会的レジリエンスの概念

レジリエンスエンジニアリングは，安全性にかかわる主な課題がシステムにおけるダイナミックな複雑さと非線形の相互作用を認識することであることを示して優れた寄与をしてきた(例えば，Hollnagel, 2006, pp. 14-17)．同様に，サステイナビリティ学[*2]は，持続可能性において同様に優れた寄与をしてきた(例えば，Kates 他, 2001)．

[*2] sustainability は持続可能性と訳しているが，Sustainability Science は日本でサステイナビリティ学という名称の組織が立ち上げられているため，この表現を採用した．

レジリエンスエンジニアリングは，一般に社会技術システムに焦点を当ててきた(例えば，Cook & Nemeth, 2006, p. 206；Leveson 他, 2006, p. 96)．一方，サステイナビリティ学は，この世界を複雑な人間−環境システムとみなして研究してきた(例えば，Turner 他, 2003；Haque & Etkin, 2007)．

どちらのシステムにおいても，安全性と持続可能性を脅かす出来事の破壊的プロセスは，ドミノの衝突のような線形の連鎖の結果ではなく(Hollnagel, 2006, pp. 10-12)，複雑なシステム自体のなかで創発する非線形な現象である(Perrow 1999a；Hollnagel, 2006, p. 12)．このような破壊的な事象プロセスは，一般的な社会プロセスから不連続でも，不運なものでも，分離したものでもなく，日々の人間と環境の関係の産物であり(Hewitt, 1983, p. 25；Oliver-Smith, 1999)，人間にさまざまな好機を与える同じ複雑なシステムにもとづいている(Haque & Etkin, 2007)．

レジリエンスの概念は，工学から心理学に至る広範な科学分野で提示された幅広い定義をもっている．これらの定義には，レジリエンスがある単一の平衡状態へ"跳ね戻る"能力(例えば，Cohen 他, 2011)であるとするもの，外乱がシステムを安定した平衡状態から別の平衡状態へと動かす前にロバストネスまたはバッファー能力を発揮する方策(Berkes & Folke, 1998)とするもの，外乱に対する反応を適応させる能力(Pendall 他, 2010)とするものなどがある．

これらの定義は，意図された個々の目的にとっては有用であるが，人間−環境システムは(これらの定義よりも)適応的であり，外乱に反応するだけでなく，それらを予見し，それらから学習する人間の能力を伴う．

例えば，縁石のある自転車専用レーンを考えてみよう．仮にその場に有能な看護師や自転車修理士を配置することで，不運にもそこで転んでしまう乗り手を再びサドルに戻すことができたとしても，それがレジリエントなシステムとはみなされまい．想定可能な事故が起こる前(予見)，または最初の事故の後に(学習)，縁石が除去されればよりレジリエントであるといえる．

社会の安全性と持続可能性を進めるためには，それが複雑な人間−環境システムであるという前提で社会にアプローチすることが非常に重要となる．そして，安全性と持続可能性の程度はシステム内部の特性によって決定される．

このように考えると，社会的レジリエンスは，Pariès(2006)の提唱した複雑な組織における組織レジリエンスと同様に，システムの創発的な特性である．

この創発的な特性をよりよく把握するために Rasmussen(1985)は，目的から始まる機能階層的な構造化を提唱している．この方式では，機能の段階的具体化によって，

現実世界で機能を果たし，その目的の達成に寄与するシステムの観察可能な物理的な形態が導かれる．

しかし，レジリエンスはこれらの機能の線形の（直接的な）結果ではなく，システムがある動作を実現する能力を備えることを目的として，複雑に結合された機能群が起こす創発的な特性であることに注意したい．

社会的レジリエンスにおいては，着目する人間−環境システムにおける最終的な目的は，現在はもちろん将来においても，人間が価値があると考える対象物を守ることである．Hollnagel (2009) のいうレジリエンスの4つのコーナーストーン（能力）は，その目的を果たす機能の包括的な基盤を形成する．予見，監視，対処，学習ができることに力点を置いた彼の枠組みは説得力に富むものであるが，より広範な社会的背景に合わせて若干の変更が必要である．

より具体的には現実場面での Hollnagel 提案の有能性を高めるために，抽象度の一段低い一般化機能群 (Rasmussen, 1985) を導入して，社会的レジリエンスの評価を容易にする方策を提案する．

Hollnagel の4つの能力，ならびに筆者らのアプローチにおける関連した抽象的機能は完全性を有するとしても，本章で論じられるより具体的な一般化機能が完全性を有するとはいえないことを指摘しておく．言い換えれば，他の文脈で有用な別の一般化機能はあるだろうし，上記の機能は，他の機能に分解することもできると考える．

さらに筆者らは，これらの一般化機能を，プロアクティブおよびリアクティブ機能に分けることを提案したい．ある機能は，事前の事象 (ex ante) に視野を絞っているなら，すなわち，まだ起こっていないことに焦点を当てる場合にはプロアクティブ機能であると定義される．一方，リアクティブ機能は，事後の事象に視野を絞っている．すなわち，すでに発生している実事象に焦点を合わせている．

機能を，プロアクティブ機能とリアクティブ機能とに分けることは，現状においては有用である．なぜなら，この分け方によって，社会的レジリエンスは外乱から"跳ね戻る"だけでなく，システムをあらかじめ適応させ，過去の出来事から学ぶことも含むことを強調しているからである．

さらに，このような2つの機能セットに分割することは，これら2つのタイプ（例えば，事前の準備と事後の対応）の間の相互作用について考える機会を与えてくれる．さらに，プロアクティブ機能とリアクティブ機能のパフォーマンスが影響する状況の違いについて目を向ける機会を与えてくれる．

一般にプロアクティブ機能よりもリアクティブ機能に多く含まれる状況にかかわる

第1章 困難化しつつある目的に到達するための創発的手段——安全と持続可能なための社会的レジリエンス **5**

要因としては，高い時間的圧力，大きな利害要因，さらに状況の急速な変化が含まれる．

Hollnagel のフレームワークにおける第一の能力，すなわち予見する（anticipating）機能から，筆者らは，社会的背景においてより具体的な一般化機能はリスクアセスメントの機能であることを主張する[*3]．

筆者らは，離散的なイベントの線形な組合せに焦点を当てるリスクアセスメントの方法では，この世界の複雑さを考慮できないために，リスクを十分に表現できないという Hollnagel の主張に同意する（前掲書，pp. 125-127）．しかし，これはリスクアセスメントそのものの一般的な属性ではない．そのような複雑性をより広く組み込むことができる方法が存在する[*4]（Haimes, 2004；Petersen & Johansson, 2008）．

リスクアセスメントのための完璧な方法はないが，Hollnagel が指摘するように，「真にレジリエントな組織は，少なくとも何かをする必要があることを認識している」（Hollnagel, 2009, p. 127）．

予見に関連する，異論が少ない方法は，例えば天気や，想定しうる降水量による河川の増水や，発達した暴風による波の高さなどの予測である．

いずれにしてもリスクアセスメントと予測は，いずれもプロアクティブな機能である．

第二の能力は，起こりうる問題に対して事前に定めておく特定の指標（例えば，実際の河川流量，地域内のコレラ症例数など）を監視する（monitoring）ことの必要性を強調している（前掲書，pp. 124-125）．Hollnagel の監視の概念は，「現時点ですでに脅威であるか，あるいは近い将来脅威になりうること」（前掲書，p. 120）の両方をカバーするが，システムがすでに壊滅的な事象の渦中にあるとき不可欠な機能ではない．

そのような状況では，その出来事がシステムに及ぼす影響を認識する機能こそが必要になる．それゆえ，レジリエンスの2つ目の能力は「認識する」（recognizing）と修正して呼ぶことを提案する．この「認識する」は，「監視する」と「影響度をアセスメントする」という一般化機能をカバーする．後者は明らかにリアクティブであるが，前者はプロアクティブでもリアクティブでもありうる．どちらであるかは，監視されている指標の設定値が，実際の危機を構成することとどう関連して定義されているかによる（**図 1.1**）．

[*3] 予見するという抽象的機能をより具体化した一般化機能としてはリスクアセスメントがある．
[*4] Hollnagel の批判はイベントツリー/フォールトツリー方法論に代表されるリスクアセスメント批判として妥当だが，リスクアセスメントの方法は他にもある．

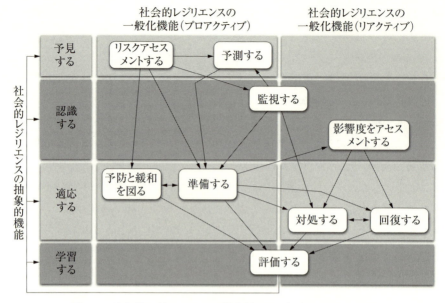

図1.1　社会的レジリエンスの抽象的および一般化された機能

「影響度をアセスメントする」は，別の言い方をすれば，Hollnagel が提唱する能力に対応する抽象的機能の一つではなく，彼の理論の枠組みに追加されるべきものである．筆者らのアプローチにおける抽象的機能の名称は，それを示すために監視する(monitoring)から認識する(recognizing)に変えているのである．

　第三の能力では，将来的に問題になる可能性があると予見されるもの，現在の状況ですでに危険または間もなく危機的な状況になると認識されるもの，あるいは，経験から問題状況だと学んだもののいずれかにもとづいて，異なる方法でシステムを適応させることの重要性が強調されている．Hollnagel(2009)はこの第三の能力を対処する(responding)と呼んでいるが，その内容は，特定の事象に対処したり回復したりするために適応すること，ならびに有害な出来事の予防・緩和，準備などのためのさまざまな方法を含んでいる．より広範な社会的背景において「対処する」ことは，災害に対するリアクティブな反応のみを意味しているため，本章では能力の名前を「適応する」(adapting)に変更した．「適応する」に対応する社会的状況における一般化機能は，予防・緩和，準備，対処，回復の4つで，最初の2つはプロアクティブ，残りの2つはリアクティブな機能である．

　Hollnagel の第四の能力は「学習する」(learning)である．これについて彼は，「レジリエントシステムは過去の経験から学ぶことができなければならない」と述べてい

る（前掲書，p. 127）．特定の壊滅的な出来事で何がうまく行かなかったのか，また誰が責任を負うべきなのかは，ここでの主題ではない．ここでいう学習は，システムがどのように機能するか，システムが原因と結果の間をどのように結びつけているか，その相互依存関係などに焦点を当てた連続的に計画されたプロセスでなければならない（前掲書，pp. 129-130）．

　社会的背景では外乱からの学習は，何が起こり，当該の出来事にさまざまな当事者がどのように反応したかについての評価と関連づけられる．筆者らは，一般化機能を評価（evaluation）と呼んでいるが，これはプロアクティブでもリアクティブでもありうる．なぜなら，実際に起こったことからだけでなく，架空のシナリオからも学ぶことができるからである（Abrahamsson 他，2010）．しかし，あるシステムにおける実際の学習は，評価から他の一般化機能へのフィードバックループに強く依存していて（図1.1），この入力にもとづいた変化が必要であることに注意すべきである．評価という一般化機能によって捉えきれない学習面に関して他の多くの側面が存在するが，すでに述べたように本章で提示される一般化された機能は，特定の社会的背景においての選択である[*5]．

　筆者らは，社会的レジリエンスは，（人類の価値を毀損するような不都合につながるであろう）変異や，変化，外乱，混乱，災害などについて予見し，認識し，適応し，学習することのできる能力によって決定される創発的特性であると主張する．加えて，筆者らは，これらの抽象的な4つの機能が，どのように一般化機能に変換することができるかを示唆した．この一般化機能は具体的であり，かつ，社会的背景においてどのように同定すべきかの指針がよりはっきりしたものである．

1.3 社会的レジリエンスの操作化

　社会的レジリエンスの前述の目的を果たすためには，研究中のシステムは，予見する，認識する，適応する，学習する，という抽象的機能に十分な能力を備えていなければならない．さらにこれらの能力は，リスクアセスメント，予測，監視，影響度のアセスメント，予防・緩和，準備，対処，回復，評価という一般化機能によってさらに具体化することができる．

　任意のシステムを記述する方法が多数あるのと同様に，社会的レジリエンスにも，

---

*5　だから本章の目的に限れば学習についてはこの捉え方でよい．

8

4つの抽象的機能を具体化する異なる方法がありうることに注意されたい.

しかしまた,これらの機能間に依存関係があって,ある機能が稼働することが他の機能の出力に依存するような場合もあることにも注意が必要である.例えば,一般市民が迫り来る台風に対する避難所を確保するための準備対策を実施できるためには,天気予報または監視にもとづく警告情報が必要である.

ある特定の状況における社会的レジリエンスを分析するためには,人間にとって価値があるものを守るという目的を達成するために必要な機能を確立するだけでは不十分である.そのためには,システムに求められる機能を構成する実世界の観測可能な機能特性(aspect),すなわち Rasmussen(1985)が形態(form)[*6] と呼んだものに目を向ける必要がある.

これらの形態には次のものが含まれる.(A)法的および制度的枠組み,(B)組織のシステム,(C)組織,(D)人的・物的リソース.ただし,これらは他の見出しの下に提示することもできる(例えば,Schulz 他,2005, pp. 32-50;CADRI, 2011).

言い換えれば,社会的レジリエンスを分析することは,社会的レジリエンスの機能のパフォーマンスを決定するこれらの複数のレベルの機能特性を特定し分析することである.

特定のシステムに対する社会的レジリエンスの重要な機能特性を特定して分析するために,9つの一般化された機能のそれぞれについて回答すべき 22 の指針となる質問を作成した.

4つのレベル(A)～(D)のすべてに及んでいる質問を表 1.1 に示す.

これらの指針に関する質問への回答を得るための有用なアプローチには,さまざまな行政レベルで関連するステークホルダーとのフォーカスグループインタビューの実施や,鍵を握る情報提供者へのインタビュー,資料の調査などがある.これらのアイデアは,ボツワナとタンザニアの災害リスクマネジメントと気候変動適応のためのシステムの能力評価にすでに適用され,興味深い結果を示している.

この調査は,スウェーデン政府の人道援助および開発協力機関(MSB)への報告として,ボツワナ国家防災局(NDMO)およびタンザニア災害管理局(DMD)とともに実施したものである.

本研究の目的は,両国のレジリエンスを強化するための能力開発プロジェクトを形成するための入力となる情報を得ることにあった.ある意味では,災害リスクのマネ

[*6] form を形態としたのは仮訳で,Rasmussen の用語の確立した訳はない.上記(A)～(D)の具体形を包括的に指す用語が必要.

第 1 章　困難化しつつある目的に到達するための創発的手段——安全と持続可能なための社会的レジリエンス　**9**

表 1.1　災害リスクのマネジメント能力や気候変動に適応するシステムの能力をアセスメントする際の指針となる質問の例

機能	能力を決める要因のレベル			
	A.　法的および制度的枠組み	B.　組織のシステム	C.　組織	D.　人的・物的リソース
予見する 1.　リスクアセスメントする 2.　予測する **認識する** 3.　監視する 4.　影響度をアセスメントする **適応する** 5.　予防と緩和を図る 6.　準備する 7.　対処する 8.　回復する **学習する** 9.　評価する	A.1)その［機能］を要求する法律や政策はあるのか A.2)その［機能］を担う組織は法的に定められているか A.3)その法律または政策では，［機能］に関与する主体としてどんなステークホルダーが設定されているか A.4)その法律や政策には，［機能］実行の結果は誰に周知すべきか明記されているか A.5)法律または政策では，その［機能］のための資金は明示されているか A.6)その法律または政策は施行されているか A.7)その［機能］に影響する価値，態度，伝統，権力関係，信念，行動はあるか	B.1)その［機能］にはどんなステークホルダーや管理担当レベルが含まれているか B.2)その［機能］についてステークホルダーや管理担当レベルの責任は明確に定義されているか B.3)その［機能］の担当部局や働かせ方に関してステークホルダーや管理担当レベルの間の連絡や協働のインタフェースははっきり定義されているか B.4)その［機能］の出力情報を，その出力に依存する他の機能に含まれているステークホルダーに周知，連絡，統合するためのインタフェースはあるか B.5)設置され動作している複数の機能の協調を支援するインタフェースはあるか	C.1)組織のどの部局がその［機能］に含まれているか C.2)上記の部局それぞれについてその［機能］に関する責任は明確に定義されているか C.3)その［機能］に含まれる組織部局間の協働を効果的にさせるためのシステムは整備され機能しているか C.4)その［機能］に含まれる組織内には，その［機能］のための内部方針はできているか C.5)その内部方針は実装されているか C.6)その［機能］の出力情報を，その出力に依存する他の機能に含まれている部局に周知，連絡，統合するためのインタフェースは設置され動作しているか	D.1)その［機能］に関して，関与する組織は個人レベルでどんな知識やスキルを有しているか D.2)関係する組織はその［機能］のためどんな装置や物的リソースを有しているか D.3)この［機能］に含まれるそれぞれの組織は，どんな資金を有しているか D.4)この［機能］について公衆はどんな知識，スキル，リソースを有しているか

ジメント能力の特定の側面に重点を置くことが多い災害リスクマネジメントの分野における従来の能力開発プロジェクトとは対照的に，ここでは両国の国家，地方，地域それぞれのレベルにおける災害リスクマネジメント能力の包括的かつ全体的 (holistic) な概観図を作成することが目的であった．

この目的を言い直せば，2つの状況における社会的レジリエンスのための最も重要な機能を対象とした一連の能力開発介入を設計することと，それを異なる機能間の広範な相互依存性を考慮しながら最も適切なレベルで行うことを可能にすることであった．上述の広いスコープを考えれば，本研究の方法論的基盤として本章で説明したフレームワークは妥当なものであった．

表 1.1 の質問への答えを見出すための手段を例示するために，ボツワナの事例では，研究チームは，鍵を握るステークホルダーだけでなく，国家，地方，地方レベルの災害リスクマネジメントにかかわるステークホルダーに対してフォーカスグループインタビューを実施した．ボツワナ防衛軍から村落開発委員会まで，地域の権威者 (Deputy Paramount Chief) から水利用省 (Department of Water Affairs) まで，全部で 36 のステークホルダーがこのプロセスに携わっていた．また，研究チームはボツワナにおける災害リスクマネジメントに関連する法律や政策文書を調査分析した．

同様に，タンザニアの事例では，研究チームは，国家，地域，地方，地方レベルで災害リスクマネジメントにかかわるステークホルダーとのフォーカスグループインタビューと個人インタビューを実施した．この事例では，国連の機関から村委員会まで，そして教育職業訓練省から地区社会福祉局まで，55 のステークホルダーがこのプロセスにかかわっていた．また，研究チームはタンザニアの災害リスクマネジメントに関連する法律や政策文書を調査分析した．

本章が意図する範囲では，本来の研究の結果それ自体を提示することはできないので，提案されたフレームワークの有用性について簡単に述べることに重点を置くことにする．

第一に，これらの研究についてのフィードバック情報からは，本フレームワークの利用が，参加したステークホルダーの間で，異なる当事者，セクター，行政レベル間はもちろん，異なる機能間の依存関係や結合が関係していることについての認識向上を促進することが示されている．このような認識は，リソースが欠乏している環境においてとりわけ重要である．このような認識を通じて，サイロ（縦割り）型業務スタイルがリソース利用を非効率にするうえに，システムの相互依存関係に関連するレジリエンスの重要な側面を見逃しがちになるという弊害を低減できるからである．この意

味で，本章で提示した社会的レジリエンスの概念を用いたアセスメントは，能力開発のための介入として機能したといえる．

　第二に，9つの機能を実行するための能力の包括的なアセスメントは，観察可能な側面または形態の4つのレベル（A）〜（D）にもとづいて，社会的レジリエンスを高めるために他の能力開発活動をどのように，そして，どこを目標とすべきかにかかわる重要な入力となる情報を提供したという意味で，大きな価値があることを示している．

　このアセスメント活動は，ステークホルダーに，ボツワナとタンザニアの災害リスク低減と気候変動への適応のシステムにとって最も重要な課題群について明解な解釈を提供することで，上記の成果を達成できたといえる．

　具体的にいえばボツワナの事例では，アセスメントの結果を受けて，基本的にすべての機能（プロアクティブとリアクティブ）およびすべてのレベルおよびそれらの間の相互干渉を対象とした活動を含むプロジェクトが提案された．

　関連する介入行為は，立法システムに影響するための政治的なレベルにおける政策提言活動，リスクデータベースならびに情報マネジメントシステムの構築，特定目的の教育訓練，などを含んでいる．

　タンザニアの場合，プロジェクトの提案は本書執筆時点でまだ実行中である．

　要約すると，上記の災害リスクマネジメントと気候変動適応のためのシステムの能力を評価するためのフレームワークは，社会的レジリエンスを強化するための能力開発のための介入行為の計画段階において大きな価値があるといえる．しかしながら，詳細な分析の必要性とシステム全体を把握する必要性とのバランスをとることは，実際にフレームワークを利用すれば生み出されるデータの急速な増加をマネジメントし適切に提示することと同様に，主な課題となろう．

1.4 結　　論

　本章で提示されている社会的レジリエンスの概念は，レジリエンスエンジニアリングの確立された理論に立脚して構築され，その目的や，求められる機能，社会のなかでそれらの機能を連携して実現している実際の形態の複雑なネットワークを位置づけて分析する方法によって，その概念が操作化されている．

　社会的レジリエンスを分析するためのこの枠組みには課題と限界があるが，社会的レジリエンスに対するレジリエンスエンジニアリングのアプローチは，概念的にも実践的にも効果が期待できるように思われる．

フレームワーク自体もまだ開発途上であり，その応用の多くは，まだ道半ばであり，さらに改良・実用化する必要がある．

簡潔にまとめれば，世界の複雑さとダイナミックな変化がますます増していくなかで，社会の安全性と持続可能性に目を向けるなら，社会的レジリエンスに対するレジリエンスエンジニアリングのアプローチこそが追求すべき方向性である．言い換えれば，社会的レジリエンスは，困難化しつつある目的(assurgent ends)に到達するための創発的な手法なのである．

編者からひと言

社会の安全性と持続可能性という重要な問題を出発点として，本章は社会的レジリエンスの概念を導入している．

レジリエンスエンジニアリングの概念は，具体的な事例についてセンスメーキング[7]するために使用できる体系的なフレームワークを提供する．

実際，参照するための整合的なフレームワークがあることは，どのような試みであってもそれを改善するため，またはより良いものにしていくために必要な基盤となる．システムがどのように構造化されているかではなく，どのように機能しているかを理解することがレジリエンスのために必要である．この考え方は，本書の多くの章で何度も繰り返されることになる．次の章では，どのように記述から対処へ移行していくことができるか，その方法を具体的に検討して説明する．

---

[7] 組織心理学，経営学，高信頼性組織論などの分野の用語で「意味づけ」や「納得」のこと．

第2章
大規模技術システム(LTS)の安全オペレーションのための記述と対処法——最初の省察

Jean Christophe Le Coze, Nicolas Herchin

2.1 はじめに

　本章では，高圧ガス輸送ネットワークを運用する大規模技術システム(large technical system：LTS)の通常オペレーションにおいて安全がどのように生み出されるかについて調査している進行中の研究のいくつかの要素を紹介する．2011年のレジリエンスエンジニアリングシンポジウムで発表した元の論文(Le Coze 他, 2011)にかなり依拠しているが，今回の新しいバージョンでは，一部の改訂や増補を除くと，研究の工学的側面や，いろいろな箇所で，例えば記述(description)から対処法(prescription)への移行(Le Coze 他, 2012)と説明してきたことについて詳しく取り上げる．レジリエンス(あるいは，次に説明する変動性)の説明に加えて，特にこの新しいバージョンで取り上げる重要な論点は，例えば，記述(や解釈)の結果として具体化した対処法というかたちで，局外者(従来は直接関与していなかった人々)が組織の安全マネジメントにどのように参加するかということである．

　これはあらゆる安全研究において重要な要素である．事実，実践的な目的(例えば，安全運用を維持や改善)のために安全研究を行う機会を得るためには，好ましい環境，すなわち，異なるカテゴリーの人々(例えば，最高経営者やマネージャー，作業員)が，そのアプローチの価値に興味をもち，納得するような環境を生み出す立場にいることが求められる．

　これらの問題は，安全のためのあらゆる努力の際の重要な要素であるが，学術的出版物では常に明白なわけではない．本章では，この問題についての省察から始める．したがって，その内容は，記述と，それが意図的か非意図的であるかを問わずどのように研究の「対象」に影響を与えるかの両方を融合させた，実験的性格を帯びている．

2.2 大規模技術システム(LTS)としての高圧ガス輸送ネットワーク

LTSの分析カテゴリーは，共通の性質をもつように見えるさまざまなインフラ(ネットワーク)を記述するために，約20年前に開発された．この分野のパイオニアの一人は技術史学者のHughes(1983)で，発明段階から北米の社会に広く普及するまでを対象とした配電網の研究を行った．

この研究が火付け役となり，すでに部分的にこの分野に関与していた研究者たちが集うようになった．1980年代には2つの重要な会議が開催され，その後2冊の本(Mayntz & Hughes, 1988；La Porte, 1991)が出版された．このおかげで，Hughesが研究した電力網以外に，さらに幅広いカテゴリーのシステムを研究対象にできるという興味深いことが明らかになった．Joerges(1988, p. 24)によるとそのようなシステムには，①特定の文化や政治，経済，企業による成り立ちとは無関係に，時空間にわたって物質的に統合，または"連結"されたもの，②極めて多数の他の技術システムの機能をサポート，維持し，それによってシステム群とつながっているものが挙げられる．結果的に，筆者らにとってのLTSの例としては，統合輸送システム，電気通信システム，上水道システム，発電システム，軍事防衛システム，都市の公共システムなどが挙げられることになる[1]．

安全の観点から，最もよく研究されていると思われるLTSはいうまでもなく航空分野である．認知心理学の研究者によるパイロットの心理モデルから，CRM(crew resource management)訓練プログラムにつながる搭乗クルーのコミュニケーションや連携に関する課題，また人間工学(Sperandio, 1977)や高信頼性組織(high reliability organization)の研究者(Roberts & Rochlin, 1987)による航空管制に関する研究まで，この特定のLTSの安全については数多くの論文がある．一方，この数十年において，少なくとも筆者らの知る限り，他のLTSの安全研究は航空分野ほど注目されていなかった．例えば，重大な安全の問題が伴うLTSとして，送電グリッドやガス輸送ネットワークが挙げられる．

例えば，停電は，そのようなネットワークを通じて，大きな危険を有する技術設備・施設の利用に重大な間接的影響を与える可能性がある．2006年にスウェーデン

---

[1] レジリエンスエンジニアリング関係の多くの文献では，これらのシステムはsocio-technical system，すなわち社会技術システムと呼ばれるが，本章ではLTSという名称が採用されている．

第２章　大規模技術システム(LTS)の安全オペレーションのための記述と対処法——最初の省察　**15**

で起きた原子力発電所のインシデント*2 では，電力供給ネットワークの故障に伴い炉心冷却用のディーゼル発電機が期待どおりには起動しなかったことが，この重大な影響をよく表す例である．この例では影響は間接的なものではあったが，LTS は，重大な危険の発生を防ぐ重要な要素として機能することを必要とすることが示された．高圧ガス輸送ネットワークの場合には，（間接的だけでなく）直接的な影響も及ぼしうる．直接的な影響の一つは加圧ガスの漏洩であり，爆発や火災に直接つながり，死傷者が出る可能性がある．

2.3 「外部からの干渉」の脅威

　ガス輸送ネットワークの一般的な特質の一つは，「外部からの干渉」を受けやすいことである．実際，ガスのパイプラインは産業施設の境界内にのみ敷設されているわけではなく，地理的に極めて広い範囲をカバーしている．フランスでは，２つの異なる企業（フランス南西部とその他の地域）によって運営されており，総延長は約40,000 km（図 2.1）に及ぶ．

　その結果を踏まえて，本研究では，管理会社がガスパイプラインへの「外部からの干渉」を特定し，未然に防ぐという安全にかかわる具体的活動を研究対象とした．高圧ガス輸送ネットワークのような LTS の場合，パイプラインの近くで行われるトラクターを用いた掘削作業などを要する土木工事（UMCE：urban, municipal, civil engineering）*3 はシステムの完全性にとって潜在的な脅威である．

（１）　Ghislenghien のガス爆発事故（2004 年）

　2004 年にベルギーの Ghislenghien で起きた事故（24 名が死亡，132 名が重傷）は，大惨事につながりうるシナリオの一例である．この事故は脆くなったパイプラインの構造によって起こったが，これは，現場（sharp-end）の観点から見た現時点での説明によると，近くで行われていた土木工事（UMCE）のトラックによる「外部からの干渉」によって引き起こされた．トラックがパイプラインに接触したことに気づかず，運営会社にも連絡されなかったため，パイプラインのガス圧が上昇し，トラックが接

---

*2　2006 年 7 月 25 日，フォルスマルク 1 号炉での事故を指す.

*3　「土木工学」の英文表記として civil engineering が使われることが多いが，内容的には「都市工学」や「地域環境工学」も含意されていることを示す表記が UMCE である．ただし，本章での UMCE は学術分野としての土木工学ではなく，実務としての土木工事を指している.

図 2.1 フランスのガス輸送ネットワーク

触して構造的に脆くなった部分が圧力に耐えられなくなるまで,事故はまったく誰にも気づかれなかった.その後,高圧ガスの漏洩が起こり,パイプラインが破裂しガスに引火することによって大火災が起きている(図 2.2).

この事故は,高圧ガス輸送ネットワークの管理会社が,パイプラインの近くで行われるあらゆる活動の内容や場所を特定し評価する際に直面する課題を示している.

(2) 事例:ガス輸送パイプラインに生じる機械的損傷の脅威の管理

前述のように,機械的損傷や有害な結果につながる可能性のある外部からの干渉の脅威は,LTS を運用するガス輸送の安全マネジメントシステムの中核をなす.本研究は,32,000 km のガスネットワークを運営するフランスの(2 つのうちの一つの)ガス会社の協力を得て,この外部からの干渉によるリスクに焦点を当て,予防対策のマネジメントの複雑さを理解することを目的とした.

簡潔にいうと,このようなリスクを監視し,十分に対応できるように,国主導から

図 2.2　Ghislenghien のガス爆発事故（2004 年）

地域主導に至る，いくつかのレベルの予防措置が配備されている．本研究では，観測は地域レベルの対策に対してのみ行った．このレベルでは，予防策は組織を分散化した単位ごとに行われている．実際，一地域に対して，一つの「セクター（担当部署）」（6 〜 12 名のチームで構成される．本研究では 6 名）がパイプラインの監視とメンテナンスを受け持っている．調査対象に選ばれた 2 つのセクターは良い実績もあり，組織内で良いイメージのある優良セクターとみなされていた．複雑な大都市という環境では，下請け，孫請け会社や市の職員，建築家といったさまざまな主体（actors）間で高度なやり取りが必要とされる．よって，このようなやり取りは LTS のレジリエンス特性の典型的要素であることが事前の段階でも明らかである．

2.4　LTS におけるレジリエンスの観察とエンジニアリング

（1）　方法論の要素

「外部からの干渉」の予防（レジリエンスの観点から見た）に携わったセクター（S1）内におけるチームの活動を記述，理解，説明するためにとった方法は，2010 年に行った参与観察とインタビューに依拠している．その後，2011 年にも類似の研究を異なるセクター（S2）において行った．最初のケーススタディで得られた知見をもとに 2

回目の方法を改善したが，方法論は同じである．2012 年には，マネジメントの活動（MA2：managerial activities）を調査した（2011 年の最初のインタビューでは中間管理職のインタビューを行った：MA1）が，本章ではどちらも紹介も議論もしない．「エンジニアリング」についての節では異なる観察研究の間の関係性に関する幅広い観点についても述べるが，本章では，主に S1 の経験的データについて言及する．インタビューは，「外部からの干渉」の予防活動に直接的あるいは間接的に関与した 3 名に対して，まずチームのマネージャーに，その後，チームメンバーに対して行った．

　インタビューは，インタビューを受ける者のチーム内での役割に応じて，時にグループで，時に個別に行い，また特定のトピックスについて行った．質問内容は，タスクの複雑さや，仕事環境への対応に必要とされる（技術的，社会的）専門知識・技能，経営者と従業員との関係，訓練，仕事に関する情報の流れ，インシデントなど，異なるトピックスをカバーした．最初のインタビューで聞き忘れたことを聞いたり，活動に関する理解を深めたりするために同じ人に 2 度インタビューすることもあった．

　さらに，セクター内外での対象者の活動の参与観察も行った．この参与観察では機器のインタフェース，従業員間のコミュニケーションや連携，土木会社の従業員とやり取りしながらタスクを実行するためのさまざまなステップを理解することも考慮に入れた．可能な場合は，観察されたいくつかの活動に関してその場で質問（その仕事を学んでいる人がおそらく行うような）をした．例えば，局外者からは不明瞭な判断によって意思決定がなされたと思われる場合は，その従業員に意思決定の背後にある理由を可能な限り説明してもらった．これは現場で観察される暗黙の判断について知るためで，これらの暗黙の判断は従業員が習得した専門知識・技能に関する手がかりを与える．

　一連のインタビューと観察の主な目的は現場第一線の仕事の特異性に迫ることである．インタビューと観察が別々に行われたときは，データを共有・統合するため，フィードバック・セッションを行い，データの解釈や仮説を議論した．インタビューと観察には 5 日間を要した．このようなセクターの活動における集中的な研究は，この LTS のより包括的な背景（規制や政治・経済）を記述し，理解することに数週間をかけた．この領域の専門家であるエンジニアや経営者を交えたミーティングを何度か行うことで，観察チームはこの背景を知ることができた．

（2）　理論の要素

　本研究の理論的背景には，エンジニアリング，心理学，認知科学，経営学，そして

第２章　大規模技術システム(LTS)の安全オペレーションのための記述と対処法──最初の省察　**19**

安全に適用される社会学といった学問分野が含まれる．筆者らの研究では変動性の概念を媒介としてレジリエンス(Hollnagel 他, 2006；Hollnagel, 2009)の概念について，検討を進めた．現時点で確定的にではないが，筆者らはレジリエンスを変動性のプラスの側面とみなしている．理論的に，また筆者らの経験に照らして，すべての課題は安全マネジメントの観点から，次のように整理できそうである．

- 第一に，安全上の問題と思われる変動性(負の変動性)を見つけ，記述し，理解できること．次いでこの変動性を取り除くか補償するように試みること．
- 第二に，正の変動性(レジリエンス)を，必要であればそれを維持，支援，共有し，公にするために，特定し，記述し，理解できること．
- 第三に，中立的な変動性，すなわち，問題ではないが特定の仕事を行ううえでの代替手段とみなせるものを，特定し，記述し，理解できること．
- 第四に，曖昧な変動性，すなわち，明確に正，負，中立的な面を示す特徴がない特殊な変動性を特定し，記述し，理解できること．

　理論的観点から見てこれらの分類における興味深い点は，例えば，人々が共通して負の変動性であることに同意するものでも，それらの変動性に対する解決策がないため，LTS の機能に埋め込まれたままなことがありうることである．これらの変動性は，Reason が定義したとき(Reason, 1990)以降，災害後の安全性に関する議論でよく使われる潜在性(latency)の一部となる*4．そのような状況の例が筆者らのデータにもいくつかある．これらの状況が仕事を可能にする現場の実践行為であるなら，理論的には必ずしもそれらは維持されるべきではない．そのような問題はマネジメントレベルで扱われるべきである．

　もちろん，実際の状況で日常的に適用できるような明確な分類を得るにはさまざまな障害がある．第一に，観察される変動性は(正・負・中立的・曖昧のいずれでも)何らかのかたちで互いに相殺されうる他の変動性との関係性においてはじめて意味をなす．活動をどのように分解，分析するかによっても明らかに異なるが，どのような状況も，特定の状況に対処するために複数の変動性が組み合わされている．

　第二に，正・負・中立的・曖昧な変動性の組合せによって生じる境界は後知恵でしか確かめることができないため，現実の状況で特定の状況に適用されるこの種の分類は，認知，社会，文化，政治などの特徴を含む集合的で多次元的な構成にとどまる．実践(と変動性)は，それが後知恵であれ先験的であれ，現実の状況で基準に対して精

---

*4　Reason は事故調査の際に，即時的に影響を起こすアクティブエラーと，システムに潜んでいて何かの機会に影響を起こす潜在的(latent)エラーを識別することの重要性を指摘している．

査されうるのに対し，基準は，実際には客観的に定義されるものではなく集合的に構成されるものである(Le Coze, 2012).

(3) 外部からの攻撃を防ぐための主な安全対策

パイプラインへの「外部からの干渉」を防ぐために，技術的なものから国レベルのものまで，さまざまな「深層防護」が施されている.

- 技術による防護：パイプラインの強度を高める，機械的な防護，地上での警報標示(例えば，地下にパイプラインあり)など.
- 規制による防護：土木会社によるパイプラインの敷設場所に関する情報提供の要請(DR : demande de renseignements)，掘削プロジェクト開始の宣言 (DICT : declaration d' intention de commencement de travaux).
- 運用による防護：DR への回答，土木会社による DICT 後の作業現場のリスクアセスメント，作業現場やパイプラインの監視など.
- 組織による防護：従業員の訓練，土木会社への規制に関する情報(DR, DICT) の伝達，国レベルでのインシデント分析など.

事例では，第一のアプローチではまだ少ししか説明されていない運用上の対策を主な対象としたが，他の対策もパイプラインの損傷を防ぐうえで同様に重要であることを忘れてはならない.

2.5 研 究 成 果

(1) 持続的な適応が必要とされるタスク

「外部からの干渉」を防ぐというタスクの特徴の一つは，日々変化する作業上の制約に適応する「現場育ちの専門家」の能力であることが明らかになった. 手順書から読み取ることができる記述では，タスクが遂次的なステップとみなせる(図 2.3)が，それらの S1 と S2 の両方で実際に観察された内容とはまったく異なっていた.

理論的には，実際，「外部からの干渉」を防ぐことは，ある地域で土木工事 (UMCE)を予定している会社から情報提供の要請(DR)を受けること，すなわち，土木工事を計画している近くにパイプラインが敷設されているか否かを，パイプラインの管理会社に問い合わせることによって成り立つ. もしパイプラインが近くにある場合は，土木会社は，管理会社の従業員が現場に行き状況をアセスメントできるように，

第 2 章　大規模技術システム(LTS)の安全オペレーションのための記述と対処法——最初の省察　　21

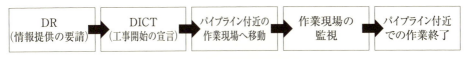

図 2.3　理論上の遂次的なタスク

計画された工事開始日の少なくとも 10 日前までには管理会社に(DICT を通じて)警告しなければならない．その後，管理会社の従業員は(特殊な道具を使って)パイプラインの場所を特定し，土木会社に対して特定の状況に対してとるべき安全対策を提示する．管理会社の担当者はパイプラインが損傷を受けないか工事を最後まで監視する．これらの全過程を図 2.3 に示す．

　しかしながら，これは理論上の話である．実際は，これらすべてのステップを順序通りに行うことは難しい．第一に，工事プロジェクトが開始されるに先立って，パイプラインがどこにあるかを教えるために土木会社からの支援出張要請に対応するといった，他のタスクが含まれていない．また，ただちに対応する必要のある緊急工事(例えば，高圧ガスパイプラインの近くを掘ると時々必要となる，水道工事会社による水漏れの補修など)もある．第二に，土木会社はいつも 10 日前に警告するわけではなく，工事開始の当日に連絡してくることもありうる．これらは計画されたものではないので，状況に対処し元のスケジュールとの優先順位をつける解決策を見つけなければならない．タスクの単純な連結ではなく，タスクに対する異なるタイプの適応があり，複数のタスクを並列的に行わなければならないことを観察は明らかにしている(図 2.4)．

（2）　集団の専門知識・技能から個人の専門知識・技能へ

　これらすべての活動は，管理的，対人的，技術的など，広範囲にわたる異なる側面やスキルをカバーしている．1 年のどの時期かによって業務負荷は異なる．最繁忙期には，チームが最も注意して監視すべきだと判断するパイプラインの近くの土木作業にリソース(時間や専門知識・技能)を配分するために，図 2.4 に示される諸活動の間でトレードオフ処理が必要である．このため，チームメンバー間の連携は極めて重要である．

　例えば，Weick(Weick, 2001)によって集合的マインドフルネス(collective mindfulness)の一つの次元として定義された，上記活動の集団としての側面は，事例では複数の適応の組合せも含み，興味深い特徴を示している．このチームでは，適応的なパターンが求められた状況では，個人の専門知識・技能が意思決定の中心にある

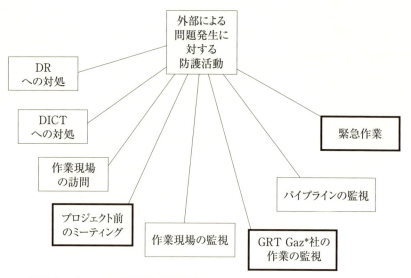

＊GRT Gaz はフランスの天然ガス輸送会社.

図2.4　並列的に行う活動を含むタスク

ことがわかった．S1のチームの管理者が対処できないときには（「外部からの干渉」を防ぐ経験が乏しい管理者だった），その分野のエキスパートとして他のメンバーから認められている当該チームの一人が相当柔軟に対応することが当然視されたのである[*5]．

その人間は，自分のスケジュールを調整しながら，トレードオフの処理が必要な場合の優先順位をリアルタイムで決めるために複数の要因のバランスをとる役割を担った．もちろん，会社から提供された手順書を利用するが，局所的な制約や予期せぬ要請に満足化対応[*6]と思えること（Simon, 1947）を行うために手順を適応させる必要があった．時には，必要であれば，彼（彼女）は計画された作業現場への訪問を他の同僚（あるいは上司）に代わってもらうことができたので，彼（彼女）の選択はチームの業務負荷に影響を与えた．現地訪問を代行してもらっている間，彼（彼女）は，例えば，厳重に監督できるようにその場に居ることが望まれるような損傷しやすい場所での突発的な作業といった，予期せぬ状況に対処することができる．

＊5　高信頼性組織（HRO）の分野では，緊急業務の担当は職位によってではなく能力によって割り振ることを推奨している．

＊6　満足化対応とは，最適解が得られなくてもある評価レベルを超える対応策があればそれを採用すること．なお H. Simon の原文では，satisficing と表記されている．

第2章　大規模技術システム(LTS)の安全オペレーションのための記述と対処法——最初の省察　**23**

この従業員(エキスパート)は,「自分の上司に命令できた」という意味で,この状況は非日常的だとコメントしていた.おそらく多くの場合,そのような状況では(上司との間で)問題が起きると想像されるかも知れないが,このチームでは,そうではなかった.組織の階層と専門知識・技能との間でバランスがとれており,このことからチーム内におけるパワーバランスの重要な課題が示されている.これはチームの集団的専門知識・技能の一側面であり,チーム内のエキスパートが管理者的職位にない場合でも,チームのために何らかの意思決定を進んで主導させるというチームリーダーのマネジメントスタイルによるものでもある.

専門知識・技能の集団的な側面を超えて,補足的に見出され研究された興味深いこととして,個人の専門知識・技能に依存する意思決定プロセスの要素が挙げられる.本研究での戦略は意思決定という複雑な問題の完成したモデルをつくることを試みるのではなく,インタビューや観察で集めたデータをこの個人の専門知識・技能の重要な次元のいくつかを示すためにどのように活用できるかを考えることであった.この点では,(方法論的あるいは理論的)研究アプローチは,認知を個々の作業状況に(巧みに)適応するものとして捉えるマクロ認知や,現場の認知(cognition in the wild)[*7]の原理に近かった.実験(また,規範的な枠組み)を通じてのみ認知を完全に理解することを期待するのではなく,むしろ,(現場での)実地調査は,単純でスタティックな環境ではなく,複雑でダイナミックな環境(手順や地図,PCの画面といったさまざまなメディアとのやり取りも含む)においてどのように認知が行われるかを理解するための一つの手がかりとなる.

(3)　明らかに変動性を示している「外部からの干渉」領域におけるヒューリスティックな活動モデルに向けて

最初のステップは,このエキスパートが活動中に処理した多くのデータをグループ化することであった.重要次元の6つのグループの最初の集合が特定された.これらは,「外部からの干渉」の防止というタスクが意味する多くの異なる側面,すなわち現場訪問のスケジュール,都市の地形,パイプライン,都市の特徴,政治的状況,エンジニアリングなどが含まれている.それぞれのグループは,繁忙期,パイプラインの埋設深度,土木会社,市政のサービスといった,ある特定のトピックスについて関連している(図2.5).

---

*7　cognition in the wild は,米国の人類学者・認知科学者の Edwin Hutchins が提唱した実験室環境ではなく現場観察からの認知研究を意味する表現である.

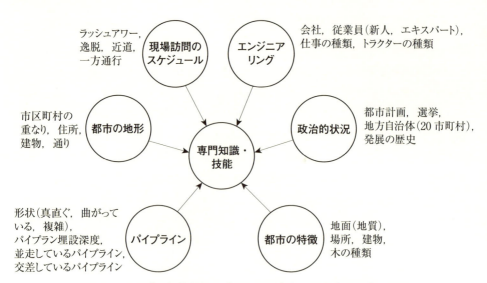

図2.5 さまざまな異なるトピックスの中心にある専門知識・技能

　この記述から，関連する意思決定プロセスに安心感を与える立場にいるのは長年の経験を有する個人だけであることが明らかである．チーム内の特別なエキスパートに柔軟な判断を任せた理由は，必要とあれば適切な選択をリアルタイムで行うために，その地域や土木会社など(図2.5のグループを参照)について十分に知っている必要があるという問題を解決するためである．

　同じ方法論を用いて2011年に異なる種類のセクター(S2)で行った同様の調査では，これらの最初の結論を踏まえつつ，認知プロセスの理解をさらに深めることができた．この2番目のセクターは環境や制約条件については最初のセクター(S1)と大きく異なっていたが，専門知識・技能という観点では強い類似性が確認された．

　特に，この専門知識・技能は以下の2つの重要な活動を拠り所としていることがわかった．

- 「外部からの干渉」への対応活動に直面する不確かさ(例えば，土木会社やその振舞い，起こりうる事故シナリオ，行動に対する評価，問題が生じた際の法的説明などに関する不確かさ)に対して極めて慎重であること．
- 対人関係におけるやり取りの方法やこの領域における主要な専門知識・技能の開発(例えば，質問の仕方や正しい話し方の模索，スピーチで印象を強めるなどの情報収集や説得，叱責といった方法の開発)に対して極めて敏感であること．

第2章　大規模技術システム(LTS)の安全オペレーションのための記述と対処法——最初の省察　　**25**

　最初のセクター(S1)で説明された専門知識・技能の多くの側面が，S2で得られた追加データのおかげで，一見すると，変動性(**2.4節(2)項**「理論の要素」で紹介したさまざまな種類の変動性を含む)の許容範囲内で対応を適応させる(集団としての)能力であるとみなすことができる．

　最初の活動モデルを提案する一つの方法は，結果的に，集団と個人の次元の組合せにもとづいて，その中心に専門知識・技能の概念を盛り込むことであった．専門知識・技能を記述するには，Klein のアプローチが有効であった(Klein, 2009)．専門知識・技能は，メンタルシミュレーション，直観，対象とする時間スパンの熟知，エキスパート自身の限界の自覚，という4つの重要な特徴を含む，観察やインタビューで集められたいくつかのストーリー形式で示された．

　例えば，「直観」あるいは「メンタルシミュレーション」にかかわる事例は，専門知識・技能がどのように意思決定を導くかを説明するために用いられた．さまざまな活動の特徴を結びつけることによって後述するモデルが導かれた．このエキスパートについて収集された，全体的な状況と特定の状況に分類されるさまざまなトピックス(**図2.6**)に関する広範なデータにもとづくと，集団の専門知識・技能と結びついた個人の専門知識・技能によって，チームはリアルタイムにスケジュールを調節し，適切な時間に適切な場所にいるチャンスを最大化することができる．**図2.6**は「変動性」という主要概念を強調した修正版の「外部からの干渉」に対する活動モデルを表している．

　この概念はLTS問題の中核をなす．実際，歴史的，構造的側面が原因で，LTSは，極めて分散化されたシステムと開かれたシステム(例えば，土木工事)の両方の強い特徴を有している．そのような構造であるため，ここで紹介した変動性の問題は，おそらく他のシステム以上に，重要な役割を有している．

　実際に以下のような特徴が認められている．

- 作業員は，具体的な状況においてどのように活動をうまく構成するか決めることを任されている．セクターは80以上あるため，マネジメント部門が直接監督することは不可能である．
- 会社は外部環境を直接把握できないので，作業状況を完全に制御することはできない(例えば，土木工事)．

　要するに，ここでいう変動性は，マネジメント部門が現場作業員に作業を自律的に実践することを委ねた結果として生じる，作業の実施における多くの適応行動として捉えることができる．実際には，この変動性の範囲は，明示的なかたちや，暗黙の要

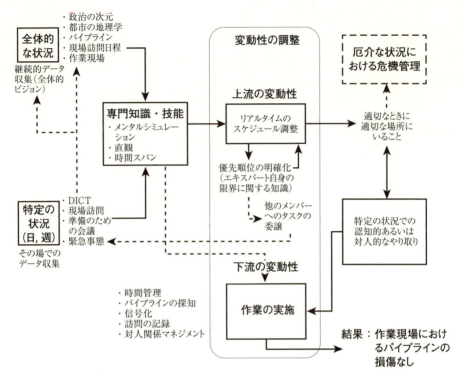

図 2.6 実証研究から浮かび上がった「変動性」という重要概念を強調したセクターにおける活動モデル（修正版）

件として次のように制約される．

- 地域的，歴史的な特殊性にどのように適応するかについて，セクター内で獲得された知識
- 必要とされる地域の主導によって生じる変動性が，安全性に関しては許容範囲内に収まるように，中央のマネジメント部門が定めるタスクの合理化レベル

この変動性の許容範囲という概念は，中央集権化あるいは分散化のレベル，また規制モードの問題とリンクしているため，組織面での課題につながっている．

2.6 記述から対処法まで

本節では，本研究の「エンジニアリング」の部分に関し 2.1 節の「はじめに」で述べたいくつかの点について議論したい．すなわち，ある段階で提供された記述（あるいは解釈）がどのように対処法へ変換されるのかという問題，言い換えると，安全マ

第2章　大規模技術システム（LTS）の安全オペレーションのための記述と対処法——最初の省察　**27**

ネジメントのアプローチに関する組織（すなわち，これらの変更を行う権限のある組織内外における活動主体のネットワーク）の公的変更について説明する．現段階では，本節での記述は意図的に概括的な内容に留めているが，これは研究結果や状況（プロジェクトのメンバーと調査対象の会社との間の複雑な関係性も含めた）に関する広範な説明にもとづいた，より詳細な発展に向けた将来の方向性を示すことを意図しているためである．

　上記の内容は，関連モデルの助けを借りて現実の状況を記述し理解する能力と，安全の観点から作業の改善を検討できる方向に活動を形成する能力との間のつながりを，よりしっかりと把握し，洗練させることも意図している．このことは以下の課題を含んでいる．

- 可能であれば，より安全なオペレーションを目指して共に進めるように，研究者と実務担当者が適切にやり取りする研究フレームワークを設計すること．
- 現実の状況を記述，解釈するニーズと，企業の活動主体が日常業務で使える役に立つ道具や器具（概念的なものであれ方法論的なものであれ）の開発とのバランスをとること．ここで企業の活動主体には，企業の境界の外にいる活動主体，例えば，本ケースでは土木会社の従業員なども含まれる．
- インタビューや現場観察，フィードバック会合などを通じてやり取りしながら，企業のさまざまなカテゴリーの活動主体によって生み出される仕事に関連した開発ニーズやアイデアに対して敏感であり続けること．道具はこれらの異なるカテゴリーの主体と現実の状況に照らして適切なものでなければならない．

以上の観点から俯瞰すると，過去3年間（2010～2012年）に行った筆者らの研究は次のように説明することができる．

2010年

- 業務（セクター1：S1）におけるフィールドワーク（インタビューと観察）
- データの解釈
- インタビューや観察対象となった実務担当者へのフィードバック
- 解釈を含むレポート
- 研究資金を提供した内部部署へのフィードバック
- さらなるニーズの定義

2011年

- 異なる種類の業務（セクター2：S2）を対象とした2回目のフィールドワーク（インタビューと観察）

- 対象組織の中間管理職(MA1)へのインタビュー
- フィードバック(異なるレベルでの)
- 実用的な助言に関するレポートと提案
- 業務のためのヒューマンファクターに関する訓練コースの設計

2012年

- 対象組織の経営者(経営に関する活動：MA2)を対象とした3回目のフィールドワーク(インタビュー)
- データの解釈
- 「変動性」に関するワーキンググループ活動(WG1)
- フィードバック(いくつかの異なるレベルでの)
- 実用的な助言に関するレポートと提案

これらの活動は，以下に示す異なるサイクルで交互に構成されていることがわかった．

- 作業状況の記述
- データの解釈
- 異なる当事者とのフィードバック・セッション
- 組織の異なる当事者と議論されるさらなる発展の機会

加えて，

- 討論結果を受けた，将来に向けた関連プログラムの構築
- 時折は，新しいタイプの対処法(の提唱)

さまざまなトピックスについて何度か繰り返されたこの周期的な構造は徐々に進化し，今では新しい対処法が導かれている．その一つについて簡単に述べよう．

作業員の専門知識・技能に関する筆者らの記述にもとづき，手続き内容の定義とコミュニケーションに関する戦略が変更された．今では，行為者に期待するものを，現実の状況でそれに従うことがほぼ不可能であるほど正確に指示する代わりに，より多くの判断が，現場でどのようなトレードオフが必要かを知る立場にある行為者に委ねられている．しかし，この動きが可能になったのは，筆者らの経験的記述がそれまで見えなかったもの，すなわち，外部からの干渉を扱う作業員のプロ意識や専門知識・技能を可視化したからである．この点において，新しい解釈は，作業との関連で企業の対処法の基本的な考え方に新しい可能性を開き実務面での効果をもたらした．

もちろん，この新しいアプローチは，さまざまなタイプの変動性について定期的に議論し取り組むことができる場をつくり出す能力によって支援される必要がある．こ

第２章　大規模技術システム（LTS）の安全オペレーションのための記述と対処法──最初の省察　**29**

のような場については今でも設計・実験が必要である（パイロットスタディは WG1 において 2012 年に行われた）.

2.7 結　　論

　本章で紹介した研究の目的は，最近のレジリエンス概念も含む新しい概念をとおして，安全活動を促進，維持，生み出すために，業務の特徴を観察し，実践的な方法を創造することである．LTS の特徴を記述し，高圧ガス輸送ネットワークをこのカテゴリーに関連づけた後，本章では，「外部からの干渉」の脅威を研究対象の一つの活動として紹介した．LTS はオープンシステムであり，この特定の脅威に対処するためにはマネジメントが必要となる．この研究は，「外部からの干渉」の防止に対処する個人や組織の特性とみなされるものへのアプローチとしてインタビューと観察とに基礎を置いている．本章では，必要なときに，柔軟で質の高い意思決定を可能にする，集団的および個人的専門知識・技能を提示した．

　この LTS における活動の特徴を捉える最初の試みとして，ヒューリスティックモデルを提案した．このモデルは，レジリエンスの話題に関連する変動性の問題が含まれる．次に，どのようにして記述から対処法へ移行するかについて，より良く理解するという幅広い課題の枠組みのなかで，フィールドワークをとおして得られた記述の要素を紹介した．異なるステップを組み合わせた繰り返し，あるいはパターンが特定され，プロジェクトから得られた効果的な対処法との関連づけについて簡潔なコメントを示している．

編者からひと言

　記述から対処法へのステップは，人々が実際に行うことと対処法が要求することとの間にある潜在的な矛盾を明らかにする．このことは，実際になされる業務（work-as-done）と想定される業務（work-as-imagined）との間の相違としても知られている．生産性と安全性の目的を高めるために，業務上の対処法が作成されることは必然だが，そのような対処法はパフォーマンスの変動性や調整の利点を認識したうえで策定されることも同様に重要である．現場の人々はさまざまな形の外部からの干渉を克服するために自らの仕事の体系を随時組み直す必要がある．対処法はこれを妨げるのではなく，むしろ支援すべきなのである.

第3章
根本的および状況的サプライズ──レジリエンスの意味にかかわる事例研究

Robert L. Wears, L. Kendall Webb

過去に起きていないことが起きることはいくらでもある[*1](Sagan, 1993).

3.1 はじめに

サプライズ(surprise)は，本質的に，あらゆる活動にとって難題である．サプライズは，レジリエントな行動を困難にする．サプライズはその定義が示すように予見できないし，監視対象とすべき事柄についての知識や，将来の問題について灰かな兆候を与える先行事象とか組織的なドリフト(drift)(Dekker, 2011；Snook, 2000)がないために，監視ができないものもある．しかし，サプライズは，対処や学習の機会を与えもする．本章では，医療組織(care delivery organization)における情報技術(IT)を含む重大事象について述べる．その事象は状況的なサプライズ(situational surprise)と根本的なサプライズ(fundamental surprise)の同時生起によって特徴づけられ(Lanir, 1986)，その事象に対する対処行動は，その組織の特有の脆弱性と全体的な適応能力について多くの情報を含んでいる．

筆者らは，レジリエンスの3つの側面への直観的理解を得るためにこの事象を検討した．3つの側面とは，①適応能力はどのように利用されるのかを知ること，②学習を妨げる障害として何があるかを理解すること，③実践のための方策は何かを知るこ

---

*1 Sagan(1993)には，"First, things have never happened before happen all the time in history. There must be a first time for every type of historical event that has occurred in the past, and..." とある．「(例えば，ある産業分野の大事故は)過去に起きていないからこれからも起きない」と考えることは危険であることを示唆するエピグラフ.

とである．上記の重大事象の直後にこれらの分析を行い，約3年後に重要な参加者との議論においてそれらを再検討した．筆者らは，一時的で階層横断的(cross-level)な要因が，状況的な学習と根本的な学習の間のバランスに影響を与える重要な役割を果たしていることに注目した．（構成要素障害(component failure)のような）状況的な物語[*2]が初めに明らかにされたので，未知の隠れたハザードのような根本的な物語がそれに取って代わるのは難しかった．さらに，状況的なサプライズのような物語は，組織のすべてのメンバーに理解しやすかったが，根本的なサプライズの物語は，問題に過度に単純化した（状況的な）見方を採用する傾向にある上層部を含む，多くの人にとって特に理解しにくかった．ついには，時間とともに，根本的なサプライズは実質的に忘れられ，それを覚えている組織のメンバーは（事実上）自主亡命[*3](self-imposed exile)を選択した．つまり，組織はこの事象から学び，効果的に適応したが，複雑な技術の中に根本的なサプライズという脅威(threat)があり続けていることには次第に無関心になっていった．

（1）　サプライズの特性

10件の緊急事態の分析から，状況的なサプライズと根本的なサプライズが識別されている(Lanir, 1986；Woods, Dekker, Cook, Johannesen & Sarter, 2010)．状況的なサプライズに関する事象の特徴は，時間的に突然で，前もって特定の何が起こるかはわからないかもしれないが，その発生自体は一般的にわかりやすい．より重要なことは，システム内の行為者(actors)が大まかに抱いている物事の仕組みについての考えや，通常の業務で直面するハザードと適合する，ということである．例えば，晴れた日に起きる突然の豪雨は人を驚かせるが，天候についての私たちの経験と一般に矛盾するものではない．他方，根本的なサプライズのほうは，思いがけず，しばしば不可解で，物事の仕組みや直面しているハザードの性質について大雑把にもっている概念を放棄させる．例えば，パリで火山が噴火したならば，その事実はそれまでの知見と合致せず，火山活動の地質学についての基本的な考えに疑問を投げかけるであろう．
真偽はわからないが，有名な辞典編集者（米国ではノア・ウェブスター，英国では

---

*2　「物語」という表現に違和感を覚える読者もいるかもしれない．レジリエンスエンジニアリングの先駆者であるR. CookとD. D. Woodsは，事故調査は物語を探すことであるとした．そのうえで，わかりやすい第一の物語(first story)が見つかった段階で多くの事故調査は終了となるが，本来はより広い視野に立つ第二の物語(second stories)を見出すまで検討を深めることが必要と主張している．このような認識を踏まえて物語という表現がなされている．

*3　危機対応を行った主要メンバーが転職していったことを指す．

サミュエル・ジョンソンとされる）が家政婦と密会していたところを思いがけず妻に見つかったときの逸話がある．伝えられるところによると，「まあ，驚いた(I am surprised!)」と叫んだ妻に対して，彼はこう返したとされる．「違うよ，君．私は驚いた(I am surprised)けど，君は仰天したんだ(You are astonished)」．

注目すべきは，状況的または根本的という分類法は相対的なもので，二分法的区別でないことである．さらに，同じ出来事でも，その領域との関係や経験によって，ある人にとっては状況的なサプライズかもしれないが，別の人には根本的なサプライズであるかもしれない．

システムのレジリエンスを「予期した状況，予期しない状況のどちらにおいても必要なオペレーションを持続できるように，変化や混乱に先立って，あるいは，その最中やその後に，システムの機能を調整するための」(Hollnagel, 2011)システム固有の能力と考えるならば，サプライズが，レジリエントな対処を必要とする予期しない要件を生み出すことは明らかといえる．

Lanir(1986)は，状況的なサプライズと根本的なサプライズを区別する4つの特性を明らかにした．①根本的なサプライズは「物事の仕組み」についての基本的な信念に異議を唱え，状況的なサプライズは従来の信念と矛盾しない．②根本的なサプライズでは，警戒すべき問題を前もって決めることができない．③状況的なサプライズと根本的なサプライズは，将来について情報がもたらす価値が異なる．そのような予測によって状況的なサプライズを回避し和らげることはできるが，根本的なサプライズに関する事前情報は，かえってサプライズを生む．（前述の例では，雨が降るという事前知識は状況的なサプライズを取り除き，傘を持つことによって軽減することができるが，明日パリ市内のリュクサンブール公園で火山が噴火するという事前知識は，それ自体，実際の爆発と同じくらい，大変な驚きであろう．）④状況的なサプライズから学習することは簡単そうだが，根本的なサプライズから学習することは困難である．

（2）　レジリエンスとサプライズ

レジリエンスは，監視する(monitoring)，予見する(anticipating)，対処する(responding)，学習する(learning)という4つの基本的な能力によって特徴づけられる．状況的なサプライズを効果的にマネジメントする行為には，これら4つの能力がすべて含まれようが，事前には考えも及ばない事柄を監視したり，予見したりすることはできないので，根本的なサプライズは，明らかにレジリエンスへの深刻な意味で

の挑戦である．事象の監視はできなくても，システムそのものを監視することができるが，根本的なサプライズには先行する予兆信号やドリフトが存在しないことが，この監視や予見を難しくする．このため，根本的なサプライズに際しては [1]，即座にとれるレジリエンス行為としては対処と学習だけしかないという意味で，根本的なサプライズが組織のパフォーマンス上は極めて困難な課題なのである．しかしその一方で，根本的なサプライズは，深い学習，特に，さまざまな予期しない出来事が降りかかるかもしれないと思い描く能力である「必要な想像力(requisite imagination)」(Adamski & Westrum, 2003)を発達させる機会でもある [*4]．

　この事例では以下のことについて述べる．

- ある医療組織の情報技術システムにおいて生じた致命的な障害事象
- レジリエンスの視点から見た，上記障害に対する当該組織の対応
- その障害事象について組織が数年後に有している記憶

　障害そのものは，状況的なサプライズと根本的なサプライズの組合せを含んでいる．当然ながら，差し迫った対処は搾取的適応(つまり，不可欠な動作を保つための操作余裕やバッファーを消耗すること)と探索的適応(すなわち，仕事をやり遂げる方法の新規根本的な再構成)の両方を含む(Dekker, 2011；March, 1991；Maruyama, 1963) [*5]．

　根本的なサプライズは，自己認識と現実との断絶が否定できなくなるので，努力を要し大変ではあるが，物事の仕組みについての見通しや仮説を完全に再構築する機会でもある．しかしこの事例では，根本的なサプライズと状況的なサプライズが混在したため，根本的なサプライズへの昔からの対処(classic fundamental surprise response)がなされていて，根本的な学習の難しさに取り組まないままの，局所的で技術的な意味での問題の再解釈がなされていた．

---

1)　ごく厳密には，Rochlin の「未来のサプライズに対する継続的な予期」(Rochlin, 1999)あるいは「予期しないことを予期する」という限定的な意味での予見(anticipation)がまだ残されている可能性がある．

*4　「必要な想像力」という表現はレジリエンスエンジニアリングが構想された初期から Hollnagel, Woods, Westrum, Dekker らによって繰り返し言及されている重要概念である．

*5　関連して，強化学習の分野では，より良いポリシーを得るために行動を試す exploration(探索)と，より効率的に報酬を得るための exploitation(搾取)のバランスの問題があることが知られている．

3.2 事　例

　本節では，インシデントの最中およびインシデント後の記録や公式な報告とインタビューにもとづき，事象とその解釈への適応について記述する．

（1）事　象

　月曜日の深夜0時直前，ある都会の大きな大学病院が深刻な情報技術(IT)システムの機能停止にみまわれ，キャンパスとその地域の外来診察室では，事実上，すべてのIT機能が使用できなくなった(Wears, 2010)．機能停止は67時間に及び，水曜日と木曜日のすべての選択的措置[*6](elective procedure)を中止し，救急搬送を他の病院へ回さざるを得なかった(52件の大きな手術と無数の小さな手術が中止され，少なくとも70件の救急搬送患者が他の病院に回された)．臨床検査と放射線検査(laboratory and radiology studies)の指示と検査結果の提示は4〜6時間遅れ，臨床業務に深刻な影響を与えた．手術の中止や患者の転送によって失われた収益を除いた総直接経費は，400万ドル近くと評価された．知られている範囲では，患者の被害や，過去のデータの消失は起きなかった．

　引き金となったのは，ネットワーク構成要素の一つのハードウェア障害だった．この障害が，数年前に中止された「高可用性コンピューティング(high availability computing)」プロジェクトで認識されないまま残存していたソフトウェアモジュールと干渉したために，システムは，ネットワーク構成要素が取り替えられた時点で再起動できなくなった．再起動の失敗は，例外処理機構(exception processor)で独立して生じた二つ目のハードウェア障害のせいで修正されなかった．いったんこの障害が同定され交換されたが，依然としてシステムは再起動できなかった．なぜなら，前述のプロジェクトの間に，ITスタッフが知らないうちに，起動ファイルとスクリプトを制御する許可条件が変更[*7]されており，IT部門の誰もそれを修正できずシステムの再起動もできなかったからである．この障害は，数年にわたって完全な再起動(コールドブート[*8])がなされなかったために，見過ごされていた．

---

*6　緊急性がない手術を選択的手術(elective surgery)と呼ぶ．
*7　ITスタッフが関知しない変更は極めて深刻な問題．
*8　電源が切られた状態から改めて電源を入れてコンピュータを立ち上げること．

（2） 適　　応

　最初はわずかに遅れが生じたが，その後はすぐに，病院は当分の間基本的なサービスを継続するために，さまざまな方法で体制を立て直した．適応には，既存のリソースやバッファーの搾取的利用(exploitation)と新しく未経験のやり方の探索(exploration)が含まれていた．これらの適応は，材料科学の分野でよく知られている事柄とのアナロジーでいえば，一次，二次の弾性応答(resilient response)概念とおおむね合致している(Wears & Morrison, 2013；Woods & Wreathall, 2008)．

　搾取的な適応には，選択的手術の延期と適当な状態まで回復している入院患者の退院の前倒しが含まれていた．火曜日の選択的手術が軌道に乗るまでは問題の範囲がわからなかったので，前者は範囲が制限された．後者は，臨床検査(laboratory)と造影(imaging)の結果が届くのが遅く，結果が保留になっている患者の退院を医師が渋ったことが障害となった．もちろん，これは古典的な失敗のパターンの一つである，活動テンポからの遅れ(falling behind the tempo of operations)になっている(Woods & Branlat, 2011)．

　いくつかの探索的適応が実行された．緊急対応(incident command)チームが編成された．病院のある地域はしばしばハリケーンにみまわれていたので，緊急対応システム(incident command system：ICS)は十分準備されよく知られており，異なるタイプの脅威に対応するような適応がなされた[9]．

　システムダウンの間，患者と検査指示(orders)，検査結果(results)を確認するための診療記録番号(MRNs)が使えなくなった状況を埋め合わせるために，代わりになる手法が考案された．救急診療部は，「簡易登録(quick registration)」の実施を計画していた．これは，より早い検査指示と処置を行えるように，最初は患者の基本的な情報だけを得るようにし，残りは後で登録を完了する方法である．IT障害のために完全な登録はできなかったが，簡易登録だけならできると考えられた．この事象は，以前から予定されていた「簡易登録」の実施と非常に近い時期に起こったので，早い時点でとりあえず利用された．しかし，この状況でのそれを適用したことで問題が明らかになった．同じ変数を使っているにもかかわらず組織によって異なる情報を表していたのである．このため，システムの中で迷子になる患者が出ることとなった．この障害によって，代替手段として，多数傷病者事故(mass casualty incident：MCI)シ

---

*9　ICSは災害が発生した際の標準化された緊急時対応システムである．1980年代から米国で開発され，近年では日本にも導入されつつある．

ステムを利用することになった[10].

多くの MCI では，到着する患者数が多すぎて，即座に基本情報を記録して，MRNs を割り当てることができなくなる．そこで組織では，別に用意した MCI-MRNs とあらかじめ印刷したアームバンドを使う独立のシステムを維持していた．このシステムは，高負荷(high-demand)状況での使用を想定していたが，理論上は，リソースの需給間のどのようなミスマッチにでも対応できた．この事象では，需要は通常レベルから低レベルであったが，リソースがさらに下回っていたため，MCI システムを用いて患者を同定して追跡し，インシデントが解決された後はそれらを公式の MRNs に統合している．

最も新手の探索的適応としては，会計スタッフ(請求書の発行や支払いの記録が発生しないので，やることがなかった)を，それまでは電子的に伝送されていた検査指示や検査試料(material)，検査結果を院内に持ち回る伝達者として役割変更することがなされた．

（3） 解　釈

組織における状況的あるいは根本的なサプライズという複数の視点に立って組織内の事例を見てきた．強調すべきは，ここには一つだけの「正しい」解釈はないということである．すなわち，どちらの視点も，妥当性と有用性を有しており，事例とそれが組織的レジリエンスにとっての意味するところを十分に理解するためには，両面から理解し掌握しなければならない．

状況的なサプライズ

この事例できっかけとなった事象はハードウェア障害であり，組織は 13 年前に全面的な IT 障害を引き起こした類似のインシデントの経験があった(Wears, Cook & Perry, 2006)ため，この障害は当初，状況的なサプライズとして解釈された．この事象は，対象世界の認識が根本的に誤っていること(すなわち観察されている現象が「氷山の一角」に過ぎないこと)を示すものとしてではなく，発生する可能性が知られているハザードに過ぎないと解釈されていたのである．

しかし，いろいろな意味で特筆に値するほど良好だった組織としての状況的な対処(response)の重要性を軽視すべきではない．組織は，障害を検出し比較的早く効果的

---

[10]　MCI は集団災害とも呼ばれる．

に対処した．具体的には，次々に明らかになる状況の理解と対処の有効性を監視（monitor）し，脅威（threat）に対応するために組織を再編した．この再編は複合的な制御構造（mixed control architecture）を含んでいた．そこでは，中央の緊急対応チームが全体的なゴールを決めて全体レベル（global level）の意思決定（例えば，選択的手術の中止や会計スタッフの役割変更）を行い，さまざまなサブユニット間のコミュニケーションをマネジメントした．その一方で，事前計画的あるいは自然発生的に構築された，パフォーマンスを維持するための適応措置を実施することを機能ユニット（例えば，救急部門，手術室，集中治療室，薬局，放射線科（radiology），臨床検査室（laboratory），看護）に許容している．

インシデントから状況的な教訓（learning）を得ようとする具体的な試みがあった．それぞれの主要なユニットはパフォーマンスの問題を特定するために事後の検討を行った．緊急対応チームは教訓を確かなものにするために，それらを整理し最終の全体的なレビューを行った．このレビューは幅広い参加者を得て，結果的に104個の項目が得られた．それらは，局所的かつ技術依存的ではあるが，組織としての記憶の萌芽巣（nidus）を形成する．そして，将来起こりうる類似の事象に対して，そのアプローチについての情報提供をすることが可能である．ここで類似の事象とは，原因までは予見できなくても結果（すなわち，ある時点で，別の広範囲に及ぶIT障害が確実だと思われる）は予見される事象のことである．

この対処において特筆すべきこととして，非難や責任追及，魔女狩り，犠牲としての火あぶり（sacrificial firings）などがなかったことが挙げられる．システムダウン中，上層部と緊急対応チームの間で，複雑なシステムでの障害の生じ方を述べたエッセイ（Cook, 2010）が回覧されていて，インシデントやその原因と結果の記述の妥当性についてかなりの合意があった．このエッセイは，犯人探しをしたいという誘惑を最小化するのに重要な役割を果たしている（Dekker, Nyce & Myers, 2012）．

根本的なサプライズ

しかし，インシデントへの理解が十分になるにつれて，状況的なサプライズから根本的なサプライズに関心が移った．承認問題[11]が見出されたことは，IT部門は自分たちのシステムを理解し維持できるし，とりわけ特権IDであるrootによるアクセスの制限は，サボタージュでしか侵害できない，という常識に反するものだった．そし

---

[11] 3.2節(1)項で言及した「ITスタッフが関知しない変更」を意味する．

第 3 章　根本的および状況的サプライズ──レジリエンスの意味にかかわる事例研究　　**39**

て，他にどんな未知の脅威が，何年にもわたってさまざまなベンダーやコンサルタントによって組み込まれ，予測も説明もできない振る舞いが引き起こされるのを待ちながら潜んでいるのだろうかという疑問が生じた．

　Lanir は「根本的なサプライズが状況的なサプライズを通じて現れるとき，両者の関係は，壁から剝がれ落ちた漆喰と壁が剝がれ露わになったひび割れの関係に似ている．落ちた漆喰はひび割れの存在を明らかにするが，その生成については説明しない」と述べている(Lanir, 1986)．IT 技術者たちは，偶然にラインカード*¹²(line card)の障害によって存在が明らかにされた"隠された時限爆弾"に驚かされることを通じて，Lanir の指摘の意味をはっきり認識したのである．

　このことは，知っているはずの過去の変更(change)についてのより深い考察，ベンダーまたは他の第三者によって監視(monitor)されず文書化もされていない変更を許さないという新しい方針づけ，および，「インストールされるものとしての(as installed)」文書(関係者の個人識別を含む)のためのより厳しい要求などをもたらすきっかけとなった．彼ら自身のシステムについての知識が不完全だったこと，それゆえに，「将来の思いもかけないことを継続的に予想」(Rochlin, 1999)しながら，あるいは本章の冒頭の「過去に起きていないことが起きることはいくらでもある」(Sagan, 1993)という Sagan の言葉のように行動しなければならないということが，IT リーダーの間の一般的な認識になった．しかし，この根本的な学習は組織全体には広がらず，IT 部門の中に閉じ込められたままだった．

長期的展望

　この事象が起きてから数年後，復旧に携わった主な職員は，この経験にある程度影響を受けたかもしれないキャリア変更をしている．IT 障害の復旧専門家(IT disaster recovery specialist)は，この事象の根本的なサプライズに動揺した．そして「引責辞任」という人的犠牲で対処することと，彼女の事前の警告と推奨事項が不完全にしか留意されなかったという腹立たしさとの間で揺れ動いた．結局，彼女は自発的に障害復旧のポストを辞し，実施グループ(implementation group)の職に就いた．そしてIT 部長(director)は，危機に際してのそのリーダーシップは並外れていたが，組織を去り，他の産業界の，より技術的で管理的ではない地位に就いた．どちらも組織による懲罰や，脅し，非難に曝されてはいなかったが，自分自身でこれらの変化を起こし

---

*12　ネットワーク機器の部品.

たのである．不幸なことに，彼らが職場を去ったことで，組織としての記憶に空白が
生じた．そのため時間が経つにつれて，この出来事が[*13]状況的なサプライズであっ
たという見方が支配的になっているのである．

　いくつかの有益な組織的学習は生き残った．この事象のマネジメントで採用された
緊急対応センターおよび多数の中核をもつ制御構造(poly-centric control
architecture)は一般に成功したとみなされ，その後もいくつかの機会で再利用され，
そのたびに成功している．これらの機会のなかには，重要なシステムのアップグレー
ドに先立つ予防的な対処が含まれていた．このように，予想している潜在的に問題の
ある事象への考えられる対処のレパートリーと感受性を強化したため，対処の仕方に
ついては，組織はよりよく学習したといえるだろう．しかし，長期間事象をうまく予
見して，マネジメントできたという経験は，根本的なサプライズの影響が忘れられた
ときは，特に過信を生むという危険をはらんでいる．

3.3 考　察

　緊急事態は多義的である．機能が完全に停止してしまう直前で留まった事象をマネ
ジメントすることは，成功の物語でもあり，将来の失敗の前触れでもある(Woods &
Cook, 2006)．つまりインシデントは，レジリエントな適応と脆弱な機能停止とが弁
証法的関係にあることを具体的に表現している．この事例では，成功したレジリエン
トな適応を見たが，真の教訓は成功のなかにではなく(Wears, Fairbanks & Perry,
2012)，適応能力はどのように用いられたか，その能力はどうやって発達・維持させ
られるか，また学習はどのように生じるのか，などを考えることのなかにある．また，
限定的な根本的学習を見てきたが，真の教訓は，より幅広い学習に失敗したことでは
なく，むしろ何が学習を困難にしたかを理解することである．

（1）　レジリエンスにとっての課題としての根本的なサプライズ

　根本的なサプライズは，レジリエントなパフォーマンスに対する重大な課題を意味
する．定義上，根本的なサプライズは，事前には考えも及ばないので，予見すること
ができない．またどこから来るかは未知なので，そもそも，それらの発見を容易にす
るために何を監視(monitor)すべきかという指針もありえないことになる．

---

　*13　根本的ではなく．

第３章　根本的および状況的サプライズ──レジリエンスの意味にかかわる事例研究　　*41*

（２）　根本的な学習を制限する要因

　根本的なサプライズを状況的な観点で再解釈する傾向は強力である(Lanir, 1986)．この事例では複数の要因が結びついて根本的な学習を限定的なものにしている．

状況的なサプライズ

　状況的なサプライズの同時生起(構成要素障害に続く障害)は，局所的な技術的問題の観点から問題を再定義しやすくした(例えば，利用できるスペアの不足)．システム機能停止の説明としてハードウェア障害が容易に見出されたために，より深い分析と理解が制限された．これは，おそらく効率性・完全性のトレードオフ(Hollnagel, 2009；Marais & Saleh, 2008)の現れである．単純で理解しやすい説明を受け入れることで，より深い完全な理解を深めるのに利用するリソースが不要になる．さらに，失敗への適応が相対的な意味であっても成功すると，逆説的に，より深い理解をそれほど重要ではないように思わせることになった．

一時的な要因

　システムダウンしてからおよそ36時間後まで，その事象についての十分な理解は進まなかったので，ハードウェア由来の問題であるという最初の解釈を払拭するのは難しいことがわかった．さらに，医療活動は昼夜不休であるという特徴があるため，患者に対する差し迫った危害を防ぐために緊急の対処が必要とされた．注意の範囲は，外乱をマネジメントするためただちにとるべき措置を行うことへ限定され，より深く理解することは後回しにされた．この注意範囲の限定のために，重要な正式の学習機会である事後検討の内容は，実際に採られた対処の妥当性と関連した問題にほとんど制限された．IT部門以外では，障害の原因を理解し，そのインシデントが他の隠れた脅威(まだ顕在化していないかもしれない脅威)に関して何を明らかにしたか理解することにさえ，ほとんど労力が向けられなかったのである．

階層間(cross-level)の相互作用

　組織の階層によって(事象に対する)理解が異なっていた．技術的問題──非常に重要なファイルへの気づかれないままの不正アクセス──は，簡単に理解できる構成要素障害の話と比較して，非技術系のリーダーたちには特に理解しづらかった．詳細な説明が厄介で不明瞭になったかもみ消されたのかもしれないと疑う人もいるかもしれ

ないが，この事例の場合はそうではなかった．この事象が知られるようになって，
IT 部門のリーダーたちは，解明されたことを十分説明することに極めて前向きだっ
た．

また，組織の臨床的部門が根本的な学習をするのに，その事象が適当であったか疑
問視されるかもしれない．臨床措置ユニットは IT 障害の影響に備える必要はあるが，
それらを予見し防止することについてはほとんど役に立たないのである．

医療特有の要因

医療における IT には，インシデントそのもの，および根本的な学習の困難さの両
方に寄与したいくつかのユニークな特徴がある．他のハザードにかかわる活動とは対
照的に，医療分野の IT は安全に関する監査(oversight)をまったく受けない．安全上
重要なコンピュータの使用に関する原則は，主要な医学情報学の文献では，実質的に
は言及されていない(Wears & Leveson, 2008)．したがって，IT の安全に責任を負う
組織には中心(locus)はなく，インシデントからのより深い学習に対して責任を負っ
ていると思われる個人やグループもない．

加えて，医療分野の IT は他産業に比べて相対的に新しい．現在利用されているシ
ステムは基本的に「たまたまつくられたシステム(accidental systems)」で，一つの
目的(請求書の作成)のために構築され，適切には設計されてはいないまま他の機能を
サポートするためにいろいろな追加がなされて拡大している．その結果，もともと付
加的と考えられていた機能が徐々に業務上不可欠な(mission-critical)状況で用いられ
るようになり，当初の設定では無害だった特性が今や危険になってしまっているとい
う"criticality creep"状態を引き起こしている(Jackson, Thomas & Millett, 2007)．

注意を逸らす(diverting)要因

ある外部要因が存在したために，最高幹部(senior leadership)はこのインシデント
が顕在化させた脆弱さを深く調査することに目を向けなかった．このインシデントの
9 カ月前に，この病院をも含む大きなシステムは，システム全体にわたって異なるベ
ンダーから提供される，単体構造の電子カルテとオーダー入力と結果報告のシステム
をインストールすることにしていた．完全な実装は 5 年のスパンで計画されたが，新
しいシステムの主要な構成要素はインシデントの 9 カ月後に動き出す予定だった．こ
のプロジェクトは前システムをすっきり置き換えるという意味で救いの神(deus ex
machina)のような(誤解を招きやすい)見かけをしていたため，自由に使える大量の

エネルギーとリソースを消費して，より深く既存システムの気まぐれを理解する必要性をあまり感じさせない方向に影響したのである．

（3） 実践への示唆

　根本的なサプライズは幸運にも，滅多にない事象である．このことは学習をより難しくするが，より重要にもする．私たちがこれらの事象から探り出す重要な一般原則は，事象のより多くの側面に注意を払うことで「過去に起きたことをより深く知る」(March, Sproull & Tamuz, 1991)という利点が得られる．そのためには，原因調査のためのより広い視野を必要とする．言い換えれば，（その原因は，再びこの同じ設定で生じることはないと思われる）特定の障害原因について狭く限定的に調べるよりも，組織が直面するリスクの大まかな種類を特定するためにその事象を利用して，調査の視野を広げるべきである．事象につながっている特定のエラーや失敗，誤りなどを列挙することは，それらのエラーや失敗，誤りを生じさせ，それらの存続を許すプロセスを明らかにするためには何の役にも立たないのである(Dekker, 2011)．

　根本的な失敗からの学習を豊かにするもう一つの方法は，複数の視点からの複数の解釈と説明を促すことである．人々は，彼らがマネジメントできると思う問題だけを見る傾向がある．したがって，さまざまな訓練と背景を噛み合わせる(engage)ことによって，チームは(より多くのことができるので)より多くを見ることができる．このやり方には，事象について合意された説明を見出したいという願望には添っておらず，複雑な組織の一部のサブユニットの中では当該ハザードに関する合意ができても，組織全体では意見が不一致になるというリスクがある．多様な説明を受け入れ，組織全体で広く共有するためには何らかの仕組みが重要であろう．

　組織は，問題になっているインシデントから起こり得た "ニア・ヒストリー[*14]"，あるいは仮説的シナリオの構築を促進することもできよう．そのような取組みは，サプライズを継続的に予見したり，過信を抑止するための想像力を育成する助けになると思われる．

3.4 結　論

　根本的なサプライズは組織的なレジリエンスにとっての難題である．なぜなら，予

---

*14　実際には起きなかったが起き得た物語．

見は関係なく（または，厳しく限定され），監視(monitoring)は，対処行為の質を評価することに限定されるからである．根本的なサプライズは，深く根本的な学習の大きな機会も提供するが，組織を学習プロセスに効果的に関与させることは容易ではない．本章で紹介した事例では，状況的なサプライズと根本的なサプライズの両方が存在したため，それらを識別することが困難であった．状況的な適応と学習はしっかりなされたが，根本的なサプライズが状況的なサプライズとして解釈されたことによって，根本的な学習の範囲が組織の一部分に限定され，重要な役割を担う職員を失うことでゆるやかに組織劣化が起きることにつながっていたのである．

編者からひと言

システムは，時には（それが稀であることを願いたいが）驚くべき，そして，何が起こりそうか，どうすべきかについてあらかじめ考えていたことに反する状況に遭遇しうる．そのような根本的なサプライズに対する組織のレジリエンスは，組織内部における対処，監視，学習，予見する能力の向上に依存する．この種の対応は，これまでの安全マネジメントと災害マネジメントとの間の境界線とみなすこともできる[15]．根本的なサプライズは難題である一方で，4つの基本的な能力すべてを強化するユニークな可能性を生み出している．次章では，福島第一原子力発電所の大災害を分析し，事故と大災害を分ける要因が示されている．

---

[15] 根本的なサプライズに対応することは，従来の安全マネジメントの対象領域としては最も過酷な状況への対応であると同時に，災害マネジメントで必要な基盤能力でもあるという意味で境界線とみなせることを意味している．

第4章
説明責任を果たせる原子力安全を実現するためのレジリエンスエンジニアリング

北村 正晴

　東京電力福島第一原子力発電所事故(以下，福島第一事故)の原因を究明し，過酷事故の再発防止方策を提案することを目的としたさまざまな事故調査がなされている．本章では，これらの調査内容をレジリエンスエンジニアリングの視点に立って吟味する試みについて報告する．大多数の調査報告は，事故の過程で経験された望ましくない事象を列挙して，事象のそれぞれについての原因を探求し，見出された原因を取り除くという基本的アプローチを採用している．

　この基本的アプローチの背後には，事故に寄与した原因群を取り除くことによって安全が達成できるという信念が存在する．このやり方を採用した結果，原因群に関する記述も提案された勧告も，膨大な数になっており，それらの構造も複雑なものになっている．もし，これらの勧告がもっと簡略化，体系化されるなら，現実的な意味で望ましいといえよう．

　本章では，これらの調査とは異なるアプローチを採用する．着目するシステムの安全は，レジリエンスエンジニアリングが提唱する4つの本質的能力——対処する(responding)，監視する(monitoring)，予見する(anticipating)，学習する(learning)——を適切に維持することで達成できるというのが，本章での考え方である．また，事故調査報告書で述べられている多数の原因・結果関係の背後に隠れている第二の物語(second stories)(Woods & Cook, 2002)を明らかにすることも試みている．

4.1 はじめに

(1) 問題の記述

　東京電力福島第一原子力発電所で2011年3月11日に起こった事故は，かつて経験

したことがないほどの大事故であった．2013年6月の時点において16万人の被災者が故郷に戻れないままの状態にいる．事故後2年間が経過した段階においても，国民は事故について強い懸念を感じている．原子力発電所のほとんどは停止しており，再稼働への見通しすら得られていない．

日本の原子力専門家は大事故の発生に寄与した要因を明らかにする責任を有している．また，彼らは大事故の再発を防止するために頼りになる手段を提案する責任も有している．それらの活動を通じて，原子力産業に対する国民の信頼回復がなされねばならない．これは極めて困難なことではあるが，将来の原子力政策がどのようなものであるとしても必要である．国民の信頼を回復することなしには，脱原発を含むどのような原子力政策もうまく機能しないであろう．

さまざまな事故報告書が刊行されている．そこでは事故の原因に関する多数の記述と見解が示され，将来の原子力発電所の安全性向上を目指して，これらの原因要素を取り除くための提案がなされている．

しかし，これらの原因探索や提案は暫定的なものである．将来の大災害の防止に関する，これらの提案の有用性や十分性は確認されてはいない．より体系的で説明能力のある，国民に理解できる提言を得るためにはさらなる努力が求められている．本章では，レジリエンスエンジニアリングの方法論(Hollnagel, Woods & Leveson, 2006；Hollnagel 他，2011)と Safety-II の概念(Hollnagel, 2012；2013)を応用することで，上記の要請に応えることを目的とした試みについて紹介する．

はじめに，公的な事故調査報告書をレビューし，事故の生起に寄与した重要要因を明らかにするとともに，それらを指摘することによって生じるマイナスの副作用も明らかにする．次いで，より深く掘り下げたレビューを行って，原因・結果関係の構造化された記述を得るとともに，福島第一事故を引き起こしたより根源的な要因を記述する，いわゆる第二の物語を明らかにする．

（2） 研究の目的

大事故の後，日本ではいくつかの事故調査委員会が組織された．政府による東京電力福島原子力発電所における事故調査・検証委員会(略称：畑村委員会)と国会による東京電力福島原子力発電所事故調査委員会(略称：黒川委員会)は，政府と国会によって組織されたという意味で，最も影響力の大きい委員会であった．

福島原発事故独立検証委員会(略称：北澤委員会)という名称の別の委員会は，日本再建イニシアティブ(Rebuild Japan Initiative Foundation：RJIF)という組織によっ

て立ち上げられている．これらの委員会はいずれも集中的な討議を行い，それぞれに報告書を刊行した．それらの報告書を以下では，それぞれ畑村報告書(Hatamura, 2012)，黒川報告書(Kurokawa, 2012)，北澤報告書(Kitazawa, 2012)と呼ぶことにする．本章で紹介する研究は，これら3つの報告書をより深く分析することにもとづいている．米国原子力学会特別委員会によってまとめられた報告書(Klein & Corradini, 2012)も，日本の報告書と比較するために分析した．

（3） 研究の焦点

これらの報告書は，あの大事故に寄与したと思われる極めて多数の要因について論じている．それらの報告書は，いずれも若干の差異はあるが，東京電力(TEPCO)，原子力安全・保安院(NISA)や原子力安全委員会(NSC)などの規制当局，内閣，そして原子力業界などに対する強い批判を含んでいる．

本章では，これらの委員会が共通して見出している事故の主要原因と，そこから導出された提言に焦点を当てる．これらの報告書に既述されている重要な知見や提言に加えて，これらの中で引用されている参考人や事情聴取対象者らが述べている陳述内容の生の記述についても注意深く検討した．これら生の陳述は，インタビュー担当者の主観による影響をあまり受けない見解であり貴重な情報を含むことから，本研究では重要視したものである．

4.2 調査報告書の俯瞰

見出された知見と提言

さまざまな実施主体による事故調査は，事故の進展中の個人や組織の活動に着目して始められたが，当然ながら事故に先立つ過去の活動にも注意が向けられるようになった．着眼された時間領域は，1990年代初頭の地震に関する確率論的安全評価(seismic PSA)と過酷事故マネジメントも含むまでに拡大された．1979年に起きたスリーマイル島(TMI)原子力発電所事故からの教訓についても言及がなされた．

主要な知見の典型的な例として，畑村報告書(Hatamura, 2012)が述べている知見を筆者の視点で整理した結果を表4.1に示す．

知見1～4が意味していることの本質は，原子力発電所の深層防護能力を向上させるために，多くの改善がなされなければならないということである．ここで深層防護

表 4.1　畑村報告書が提示する知見

知見No.	知見見出し	カギとなる記述
1	抜本的かつ実効的な事故防止方策の構築	（当委員会は）多数の問題が存在していることを指摘した．〈中略〉これらの問題は調査され改善されるべきである．それに際しては関係する原子力関係の組織は，本調査委員会による指摘を十分考慮するとともに，その検討の経緯および結果については社会への説明責任を果たす必要がある．
2	複合災害の視点の欠如	今後，原子力発電所の緊急時安全対策を見直すに際しては，大規模複合災害の発生という点を十分に視野に入れた対応策の策定が必要である．
3	求められるリスク認識の転換	（日本は古来，さまざまな自然災害に襲われてきた「災害大国」であるから）自然界の脅威，地殻変動の距離と時間スケールの大きさに対し謙虚に向き合うことが必要である．
4	被害者の視点からの欠陥分析の重要性	原子力事業者や規制機関が「システム中枢領域*1」の安全を過大評価すると，安全対策は破綻する．「システム支援領域」や「地域安全領域」における安全対策は，「システム中枢領域」の安全と無関係に緊急時には独立して機能することができなければならない*2．
5	「想定外」問題と行政・東京電力の危機感の希薄さ	地震についての科学的知見は未だ不十分なものである．適時*3，最新の研究成果を取り入れて，防災対策に生かして行かねばならない．
6	政府の危機管理体制の問題点	原子力災害発生時の危機管理体制の再構築*4を早急に構築すべき．
7	広報の問題とリスクコミュニケーション	国民と政府機関の間の相互信頼を構築し，社会に混乱や不信を引き起こさない適切な情報発信を行うこと*5が必要である．
8	国民の命にかかわる安全文化の重要性	安全文化がわが国では事業者，規制当局ほか原子力関係者において必ずしも確立されていなかった実態を鑑みて，本調査委員会は安全文化の再構築を図ることを強く求める．
9	事故原因・被害の全容を解明する調査継続の必要性	当調査委員会で調査・検証の対象とはしなかった問題の中には，被害者や被災地にとって極めて重要で社会的関心の高い問題もある*6．

*1　原子力発電所内部の安全．
*2　深層防護の各層の独立性要求を指す．
*3　ある時点までの知見で決められた方針を長期間にわたって引きずり続けることなく，地震・津波の学問分野の進展に敏感に反応．
*4　今回の事態を教訓に，原子力事故と地震・津波災害との複合災害の発生を想定したマニュアルの見直しを含める．
*5　そしてそのためのリスクコミュニケーションの視点を取り入れること．
*6　関係組織は，こうした未解明の諸事項について，それぞれの立場で包括的かつ徹底した調査・検証を継続すべきである．

第4章　説明責任を果たせる原子力安全を実現するためのレジリエンスエンジニアリング　　**49**

能力という術語は，原子力発電所は異常事態や事故の発生を抑止できることに加えて，それらの抑止方策にもかかわらず事故が起きた場合には，その影響を緩和できることを意味している．この能力はまた，これらの事故影響緩和方策があっても，必要になれば近隣の住民を避難させるための適切な住民避難計画が事前に作成されていることも意味している．知見5～7はクライシスコミュニケーションを含むクライシスマネジメント能力に関連している．これらの能力も，深層防護能力の重要な構成要素である．知見8は安全文化を再構築することの必要性を，知見9はさらなる事故調査の必要性を意味している．

これらの知見を受けた畑村報告書の提言は**表4.2**に示すとおりである．

表4.2　畑村報告書に示された提言

提言No.	提言分類	提言要旨
1	安全対策・防災対策の基本視点に関する提言	複合災害を視野に入れた対策をせよ．リスク認識を転換せよ*1．防災対策に最新の知見を取り入れよ．被害者の視点からの欠陥分析を重視せよ．
2	原子力発電所の安全対策に関する提言	総合的リスク評価が必要*2．過酷事故対策の検討を*3．
3	原子力災害に対応する体制に関する提言	原子力災害時の危機管理体制を再構築せよ．原子力災害対策本部のあり方改善*4．
4	被害の防止ならびに低減策に関する提言	広報とリスクコミュニケーションに関して改善．放射線モニタリングならびにSPEEDIシステムの改善，住民避難のあり方の改善．安定ヨウ素剤の服用についての見直し．緊急被曝医療機関の広域連携体制の整備．放射線に関する国民の理解や知識を深められる機会の提供*5．
5	国際的な実践への調和に関する提言	IAEAの安全基準のような国際的実践と調和した安全実現を目指せ．
6	関係機関のあり方に関する提言	原子力規制行政当局ならびに東京電力の革新．安全文化の再構築．
7	継続的な原因調査，被害解明に関する提言	事故原因についての継続的調査を行うこと．事故による被害の全容を明らかにするための拡大された調査の実施．

　＊1　甚大な被害をもたらす事故・災害については，発生確率にかかわらず適切な安全対策・防災対策を行う．
　＊2　地震・地震随伴事象以外の溢水，火山・火災などの外的事象も考慮に入れよ．
　＊3　設計基準事象を大幅に超え，炉心が重大な損傷を受ける場合へも対策を行う．
　＊4　政府施設内にいながらより情報に近接することのできる体制を構築せよ．
　＊5　諸外国との情報共有と支援の受け入れ方策を改善せよ．

50

　提言1と2は，緊急時対応のための備えに重点を置いた事故に先立つ活動に関するものであり，提言3と4はクライシスマネジメントやクライシスコミュニケーションなど事故の進行中の活動に関連している．提言5と6は，基本的な安全文化や国際的な調和などに関連した，より根本的な課題に関連している．提言7は，調査は未だ中間的な段階にある（したがって，さらに継続されるべきである）という事故調査委員会の認識を反映したものである．

4.3 ┃ より深い分析の必要性

　畑村報告書に示されている知見と提言は，事故調査委員会が採用した広範な視点を反映している．これらの提言は一般論としては妥当に思われる．同様なこと（広範な視点と一般論としての妥当性）は黒川報告書や北澤報告書についてもいえよう．しかしながら，これらの知見と提言に関しては，以下に述べるようないくつかの問題点を見出すことができる．

- これらの知見と提言は，事故の進展中に経験された，さまざまな空間的領域と時間帯における多様な困難を分析することで導出されているが，それらはもっと構造的に整理され簡明化されていることが望まれる．言い換えれば，これらの提言は，事故進捗過程において経験された一つひとつの困難に対応して，線形因果モデルを反映しているように思われる．そのようなやり方の必然的な結果として，**表4.1**と**表4.2**の内容は非常に複雑なものとなっている．特に，**表4.2**に列挙されている提言群は，それぞれの提言が複数の要請を含んでいるので，実際にはもっと多数の提言を意味することになる．科学の世界でその重要性が広く認められている「オッカムの剃刀」概念（Rissanen, 1978）や，同じ趣旨である「単純さの法則」（Akaike, 1974）によれば，互いに競合する複数の理論または説明のうちで最も簡明なものが好ましいとされている．

 　また，上記の原則的概念は「ある実体（理論，法則など）は必要以上に拡大されるべきではない」とも表現される．この観点に立てば，事故の因果関係説明[1]については，もっと体系的に組織化され統合された表現を導くためにさらなる努力がなされてよい．この考え方を踏まえて，複雑多岐にわたる知見と提言をもっと要約して簡明なかたちに整理する努力がなされることが望まれる．

---

[1] それにもとづき多くの提言がなされている．

第4章　説明責任を果たせる原子力安全を実現するためのレジリエンスエンジニアリング　　**51**

- 第二の物語が探求されることが必要である．報告書に示されているメッセージは「第一の物語」(Woods & Cook, 2002)の視点に立てば合理的なものと思われる．例えば，**表4.1**の「複合災害の視点の欠如」という見出しの右には，「今後，原子力発電所の緊急時安全対策を見直すに際しては，大規模複合災害の発生という点を十分に視野に入れた対応策の策定が必要である」と記されている．また，同じ表の「広報の問題とリスクコミュニケーション」という見出しの右には，「国民と政府機関の間の相互信頼を構築し，社会に混乱や不信を引き起こさない適切な情報発信を行うこと」と記されている．これらの記述が合理性をもつことは明らかである．しかし，なぜ東京電力や原子力安全・保安院のような責任ある組織が，事故に先立って上記の必要条件を満たすことができなかったのか，という疑問についての回答は，必ずしも明確に示されていない[*2]．表面的には見えていない別の寄与因子や原因を明らかにするためには，「第二の物語」(Woods & Cook, 2002)を探求するためのさらなる努力が必要である．それなしには提言の有効性はごく限られたものとなろう．

- 「安全」についての説明責任(accountability)が追求されねばならない．どのような安全対策が導入されたとしても，その結果達成された「安全」の意味は**表4.1**の知見1に強調されているように，説明責任を伴ったものでなければならない．言い換えれば，導入された安全対策の結果については透明性をもつかたちで説明されなければならないし，結果として実現される「安全」の意味も明示されなければならない．そうでないと，結果としてもたらされたはずの安全性の向上は，国民にとっては受け入れがたいものとなる．

上記の要請に対処するための試みをレジリエンスエンジニアリングの考え方を参照して行った．この試みから導かれた見方を以下に示す．

4.4 ┃ 知見と提言の再構成

福島第一事故対応に現場でかかわった人々の活動を，レジリエンスを規定する4つの能力，すなわち対処する，監視する，予見する，学習する(Hollnagel, Woods &

[*2]　東京電力が利益追求に走り津波リスクを無視したとか，原子力安全・保安院が過酷事故の可能性を認めることに消極的であったなどの一応の説明は報告書中にある．しかし，東京電力は2007年の中越沖地震の経験を反映して，多大な費用をかけて免震重要棟を建設していることも事実である．この事実を無視した一面的な批判は論理的な説得力が不十分である．

Leveson, 2006；Hollnagel, 他, 2011）を参照して吟味した．このアプローチを採用したのは，事故の対処の過程で実施されたさまざまな活動を，比較的簡明なかたちで整理し構造化することが期待できたからである．

（1） 事故に先立つ状況の分析

周知のように，東京電力，原子力安全・保安院，原子力安全委員会などの学習能力は，容認できないほど不十分なものであった．過酷事故マネジメントの問題は，欧米では検討され，多くの文書が発行されていた．日本の電力会社がこれらの文書を調査し学習する機会は十分にあったはずである．これらの文書からの学習に加えて，日本の原子力コミュニティは，実際の事故やインシデントから学習することもできたはずである．1999年12月27日，フランスのBlayais原子力発電所では前例のない強烈な嵐によって洪水に襲われ，ポンプや格納容器安全系が浸水被害を受けている．また，2004年12月26日には，スマトラ津波がインドのマドラス原子力発電所を襲い，海水ポンプが津波による破損を被って，緊急停止に追い込まれている．日本の原子力関連組織は，これらの事象から意味ある教訓を学習できたはずである．

学習能力の不足に加えて，予見能力も不十分なものであった．日本の原子力関連組織は，非常に大きい地震と津波は起きないであろうという思考停止状態（mindset）に陥っており，そのためこれらの外的事象とそれらを起因とする過酷事故を予見して備えることについては実質的に何の努力もしていなかった．この思考停止状態があったことは，さまざまな関係者によって繰り返しなされていた警告が無視されて来た経緯から明確に裏付けられている．

原子力安全・保安院が福島県や隣接する県において巨大津波が生じる可能性について，何人かの専門研究者から警告を受けていたことは現在では明らかになっている．これらとは別の津波に関する警告が，国会予算委員会において，吉井代議士からも提起されている．彼はまた，外部交流電源の喪失と発電所ブラックアウトの可能性についても言及している．吉井代議士によるこれらの警告は2006年に提示されていた．TMI原発事故の際にも事前警告への対応が不十分であったが，福島第一原発においてもこれらの事前警告が適切に扱われていれば，事故も回避できたか影響を低減しえたと思われる．言うまでもないことだが，ここに述べたような**学習**と**予見**の能力不足は，レジリエントシステムを構築するための重要な要件である「常に警戒を忘れない心（constant sense of unease）」という組織のあり方（Hollnagel, 2006b）とは，まったく相容れないものであった．

第4章　説明責任を果たせる原子力安全を実現するためのレジリエンスエンジニアリング　**53**

（2）　事故の進行中の状況分析

　学習と**予見**の能力が低かった結果として，津波やそれに続く過酷事故への**対処**能力もまったく不十分であった．事故の進行中に必要とされたリソースの多くが入手できなかった．東京電力の人々は，乗用車やバスから 12V のバッテリーを集めてきて，それらを用いて原子炉圧力や原子炉水位などの重要なプラントパラメーターを測定するための計装システムを稼働させようとした．しかし，集めることができたバッテリーの数は，必要とされる数よりもはるかに少なかった．それに加えて**対処**行動の多くは，混乱(scrambled)モード(Hollnagel, 1993)状態下でなされている[*3]．

　そのような状態の典型的な事例として，東京電力福島第一原子力発電所の所長が発出した，炉心に冷却水を注入するために消防自動車を用意せよという指示に対して誰も対応しなかったことが挙げられる．この発話は緊急対策本部の中の何人もの人々が認識しているが，その指示に対応して行動した人はいなかったとされている．事前にそのような異例の指示に対応する役割を果たすよう任務を割り当てられた人がいなかったためである．

　監視能力も不足していた．**対処**能力の弱さと同様に，**監視**活動もまた混乱モード下でなされていた．**監視**の失敗のうち最悪なものとして，1 号炉のアイソレーションコンデンサー(IC)が作動しているという誤った認識が挙げられる．圧力容器と IC をつなぐ配管途中の弁が意図されない閉鎖状態にあって IC が動作していない可能性に事前に気づいた人がいなかったため，1 号炉は冷却されず，結果として水素爆発が起こっている．もし，東京電力の誰かが IC が動作していない可能性に気がついて，IC やその他の冷却システムの状態を**監視**していたならば，状況は格段に改善されたかもしれなかった．

　監視の失敗のもう一つの例は，2 号炉の状態についての注意が不十分だったことである．2 号炉は相対的には危険の少ない状態にあるという誤った想定から，（1 号炉の水素爆発後に）主に関心が向けられたのは 3 号炉での水素爆発の回避であった．現実はそうではなかったのである．サプレッションチェンバー内部の圧力と水温が計装系にバッテリーをつないで一時的に測定されたとき，測定値は 2 号炉が危険な状態に近

　[*3]　時間的余裕が十分あるとき，人間は戦略的モード，戦術的モードなど合理性の高い意思決定を行うが，余裕がなくなると機会主義(opportunistic)モード状態になり，簡単な方略，例えば直近の過去に経験した事象と同じ対応をする．さらに余裕がなくなると，とにかく気になることにその場で可能な対応をするなどの混乱(scrambled)モード状態に陥ることが指摘されている．

づいていることが示された．もし，このプラント状態測定が数時間早く実施されていたならば，状況はずっと改善されていた可能性がある．東京電力福島第一原子力発電所から放出された放射性物質の大きな部分は，1号炉や3号炉の水素爆発によってではなく，2号炉の圧力境界が損傷を受けたからであることに注意が必要である．

　以上の考察から，この事故の原因は重要な4能力の不十分さによると結論することもできることになる．事故報告書に記載されている多数の知見と提言は，上記の4能力に関係づけて，もっと体系的なかたちに再構成することが可能なのである．また，4能力のうちでとりわけ不足していたのは**学習**能力であることも明らかである．このことが結果として，過酷事故への備えが不足する事態を招いたのである．

　さらに考察を進めて，東京電力，原子力安全・保安院，他の関連が深い組織などに関して組織的，マネジメント的欠点を挙げて議論し批判することも可能である．それらの批判自体は正しいものであろうし，欠陥は修正されるべきである．しかしながら，適切な**学習**にもとづいて事故への備えがもっと充実していたならば，事故は回避できたし，少なくとも大幅に影響を緩和できたであろうことは，しっかりと強調されるべきであろう．

（3）　第二の物語

　前節に示した再構成された知見と提言は，事故の原因とそれへ寄与した要因について，より明快な見方を与えている．しかしながら，この改善された見方も，まだ第一の物語にもとづいている．それとは異なる事実発見の努力に根差したより深い解釈も明らかに必要である．

　まず，東京電力や原子力安全・保安院のような重い責任を担う組織が，どうして事故に先立つ段階で，必要とされる条件を満足することができなかったのか，という疑問への答えが必要である．畑村報告書を要約した表4.1の知見4には以下のように述べられている．「原子力事業者や規制機関が「システム中枢領域*4」の安全を過大評価すると，安全対策は破綻する．」

　また，畑村報告書では津波の可能性についての組織としての無知または無視は，組織における想像力欠如と高慢さによって起こされたと報告している．しかし，この解釈は表面的なものに思われる．より深い解釈は，別の事故報告書（Kitazawa, 2012）における以下の記述から導くことができる．

---

　*4　原子力発電所内部の安全．

第４章　説明責任を果たせる原子力安全を実現するためのレジリエンスエンジニアリング　　**55**

　　　東京電力経営層の複数の人々が「東電の原子力発電所の安全対策が十分性に疑
　　念をもっていた．しかし，自分の意見は経営層の中では少数派であると感じてい
　　たので発言はしてこなかった」と述べている．

　この記述から，経営層の少数の人々は津波や過酷事故への対応に関して懸念を有し
ていたが，その原子力安全に関する懸念を他の人々にうまく伝える自信がもてないた
め沈黙していたことが明らかになっている．
　同じ問題は訴訟への懸念にも関連している．黒川報告書は，東京電力と原子力安
全・保安院が，裁判への影響を懸念したために過酷事故対策の改善に積極的ではなか
ったと批判している．この批判もまた表面だけを見たものに思われる．訴訟のリスク
は実際に高かった．訴訟に対応することは，電力会社や原子力安全・保安院にとって
多大な労力を意味している．原子力発電所を保有している電力会社の多くは反原発裁
判を経験しているし，そのうちのいくつかは進行中であった．もし告発されている電
力会社が，過酷事故に備えて追加的な安全手段を導入した場合，（訴訟を起こしてい
る）批判者が，現在までに導入されている安全対策だけでは不十分であることが証明
された，と強く主張することは大いにありうることであった．もちろんそのような主
張は，深層防護の原則から見れば妥当性をもたないが，法律家や懸念をもつ国民にと
っては信じるに値したと思われる．このジレンマもまた原子力発電所の安全を説明す
ることの難しさに由来している．
　もう一つの問題としては，規制に関する権限が複数の組織によって共有されている
ことで増大する長期停止の懸念がある．福島第一事故のときに，原子力安全・保安院
の院長だった寺坂信昭氏と，2006 年から 2010 年まで原子力安全委員会の委員長だっ
た鈴木篤之氏のコメントが畑村報告書に記載されているが，両者とも過酷事故に対応
するための手段を地方自治体や公衆に説明することの難しさを強調している．この問
題点は米国原子力学会（ANS）の調査報告書（Klein & Corradini, 2012）でも指摘され，
次のように述べられている．

　　　TMI-2 事故からの重要な教訓の一つは，NRC を改革して独立性と技術的有能
　　さを高めることであった．米国以外でも多くの国が同様の改革を進めた．しかし，
　　日本だけは規制のガバナンスを変えなかった．変えようとすれば規制の中央集権
　　化をもたらすことになるが，そのような措置は立地県当局との間で合意されてい
　　る権限の共有方式を揺るがせることになるからである．

権限の共有方式があるために，東京電力や他の電力会社，そして原子力安全・保安院は，計画外でも，計画どおりでも原子炉を停止する都度，再稼働のためには県当局の了解を得るために多大な努力をする必要があった．彼らが過酷事故対応のための新たな手段を持ち込むことに消極的であったことは，上記の視点からも解釈されねばならない．要約すれば，本節で示した第二の物語のすべては，深層防護の原則にもとづいた原子力発電所の安全性について説明することの難しさに帰着させられるといえよう．

原子力リスクの相当部分は社会的に構成（Kitamura, 2009）されていることに注意が必要である．ここで述べたように，深層防護の原則にもとづく安全について，経営トップ，裁判官，公衆，地方自治体などに説明することの難しさが，結果的には津波や過酷事故への備えの不備につながっていたのである．事故調査委員会からのメッセージは，このような現実の捉え方がもっと明快に述べられていたなら，より説得力をもった（解決策志向型）対処策になっていたと思われる．

（4） 説明責任，Safety-I，Safety-IIとレジリエンスエンジニアリング

原子力安全に関して経験されたコミュニケーション上の困難を解消することが必要なことは明らかである．原子力技術に関する国民とのコミュニケーションを10年以上の間行ってきた経験（Yagi, Takahashi & Kitamura, 2006）を踏まえて筆者は，難しさの根本は，原子力安全，さらには安全そのものについての認識が混乱していることであると確信している．原子力関係組織に所属する人々は，深層防護の概念についてある程度の理解は有している．しかしこれらの人々は，原子力反対活動家による批判（過酷事故対応のためのいかなる追加的方策の導入も，現在の原子力発電所が完全に安全ではないことの証明である）に対して説得力をもった回答を提示する能力は不足している．

筆者は，この困難を解決するための最初の一歩は，Safety-II の概念（Hollnagel, 2012；2013）を提示し共有することであると考える．従来の安全の定義は Safety-I と名付けられるが，この安全の定義では，安全マネジメントの目的は，望ましくない事象の数ができる限り小さくなるような状態を実現し維持することである．Safety-I の実践に際しては，対象となるシステムとその動作環境は，完全に理解され，仕様が明らかにできるという立場がとられている．また，Safety-I では望ましくない事象の原因を徹底的に排除することを通じて安全が達成されると想定されている．その結果，安全という状態は，規則や手順書へのコンプライアンスというかたちで実現されるこ

とになる。このような状況においては，過酷事故マネジメントのための追加的方策が必要だという説明は論理的に困難である*5。同じ意味で，前述の原子力反対論の立場からの批判を否定することも難しくなる。

これに対して，安全の別な定義である Safety-II においては，安全とは「物事がうまく行く」状態である，と定義されている。また Safety-II においては，対象システムとその環境は，不確実さを有しており，かつ予見されていない外乱を受けるものとされている。Safety-II のこの枠組みにおいては，対象システムには単に定常的な状態を維持できるだけでなく，大きな外乱も乗り越えるパフォーマンスが期待される。さらに，この外乱が極めて大きくてシステムのパフォーマンスが劣化せざるを得ない場合においては，システムがその劣化程度をできるだけ速やかに回復できることも期待される。Safety-II は論理的に見て Safety-I を含むことになる。(Safety-II が目指す)「物事がうまく行く」ことが実現されるなら，(Safety-I が排除しようとする)「物事がうまく行かないこと」は当然起きないからである。

以上から，Safety-II の概念は，深層防護の概念に整合していることが理解されよう。深層防護が目指しているのは明らかに Safety-II であって Safety-I ではない。また，レジリエンスエンジニアリングの枠組みで提唱された4つの基本能力，さらにリソースの備え，常に警戒を忘れない心などは，深層防護の概念を具現化するための優れた現実的ガイドラインであることも明らかであろう。

Safety-II 概念の導入，深層防護概念の新しい理解，そして Safety-II を具現化するための方法論としてのレジリエンスエンジニアリングは，全体として，原子力専門家が，原子力安全についての実態を社会や懸念をもつ国民に対して説明責任を果たすかたちでコミュニケーションする能力を習得することを可能にするのである。

4.5 結　論

本章では，公的な福島第一原発事故調査委員会により作成された報告書について吟味した。これらの委員会は，報告書の中で，事故の進展中に経験された望ましくない事象の原因を除くための提言を行っていることは明らかである。この調査活動の背後にある基本的な方法論は，望ましくない事象それぞれについての線形因果モデルを見

---

*5　すでに「原子力発電所は安全である」と説明してきた以上，望ましくない事象は徹底的に排除されていることになる。それなのに追加対策が必要という説明は論理的におかしいと批判される。

出して，その因果関係を無効化するための方策を提案することである．また，この方法論はシナリオ駆動型の記述論的アプローチと解釈される．望ましくない事象とそれに関係する因果モデルは，実際に起きた事故のシナリオに沿うかたちで同定されるからである．

本章の吟味は，これらの検討とは異なって，原子力安全を強化するための教訓は，この事故を"what-if"視点に立って見直すことで得られるはずだ，という観点からなされている．このことは，事故に先立つ決定的な時点（複数）において，レジリエンスエンジニアリングが提唱する本質的な機能が適用されたならばどうであったかという，思考実験を行うことに相当する．このようなアプローチは，単に仮想的な実験に過ぎないとみなされるかもしれないが，将来の原子力安全を大幅に改善するための有用な指針を提供できるという意義を有している．レジリエンスエンジニアリングが提唱する基本的4能力のうちでも，能動的かつ連続的な**学習**とそれを踏まえた**予見**を行うことは，過酷事故の再発を防止するために大きな効用をもつ．

本章で述べた試みを通じて得られた知見は，レジリエンスエンジニアリングが，社会に対して説明責任をもつかたちで安全を向上させるための体系的な方策を提供する高い能力を有していることを明らかに示している．また，技術と社会の間に生じる相克を解消するための方法論としての，レジリエンスエンジニアリングの可能性も評価されるべきである．なぜなら，市民参加は現代における技術と社会の相克を解消するための標準的手続きになりつつあるし，社会技術システムのリスクの相当部分は社会的に構成される(Kitamura, 2009)と考えられるので，技術に関する活動は市民に対して説明責任をもつかたちで実施されるべきだからである．

編者からひと言

事故が深刻であればあるほど，はっきり認識しやすい原因を明らかにして何が起きたのかの説明がより緊急性をもって求められる．福島第一原子力発電所事故の調査を行った複数の委員会もこうした傾向を有している．しかし本章では，レジリエンスエンジニアリングの原則を応用して安全の観点から何が起きたのかを見直すことを通じて，複数の第一の物語(first stories)を越えようと試みている．大規模な社会技術システムにおいては，特定の原因の一つひとつに着眼して，見出された欠点をさらなる技術的手段で補うというやり方で，より安全にすることはできない．大規模な社会技術システムは社会的に構成されているのであるから，それらのシステムが成功する[*6]

能力を強化するためには，この社会的構成との関連を説明できる方法を用いねばならない．

---

*6　安全を維持する．

第5章
安全パフォーマンス測定システム──レジリエンスエンジニアリングからの理解

Tarcisio Abreu Saurin,
Carlos Torres Formoso, Camila Campos Famá

安全パフォーマンス測定システム(Safety Performance Measurement System：SPMS)を用いることは重要な実践的行為であるが，それらをどのように評価すべきか，既往文献では明確に示されていない．本章では，レジリエンスエンジニアリングのパラダイムにもとづき SPMS を評価するための6つの基準を提案するとともに，これらの基準を活用した2つの事例を紹介する．それらの事例では，2つの建設会社の SPMS が評価されているが，本章で提案された基準を用いて得られた理解は，（一般的な）パフォーマンス測定システムを評価するための基準を用いる場合とは異なっている．

5.1 はじめに

パフォーマンス測定は Hollnagel(2009)によって提案されたレジリエントなシステムの4つの能力(対処する，監視する，予見する，学習する)と強いかかわりがある．実際，それはシステムが対処すべき障害の同定を支援したり，体系的な学習を可能にするデータの生成を支援する．パフォーマンス測定をデータ収集であると捉え，監視および予見はそのデータの分析から生成された結果であるとすれば，パフォーマンス測定と監視・予見の能力との関係は明快に理解されよう．

レジリエンスにもとづいた早期警告に関する指標(Oien 他, 2011)の開発に向けた方法の提案など，レジリエンスエンジニアリングの視点からの多くの研究(例えば，Wreathall, 2011)によってパフォーマンス測定の問題が議論されてきた．本章の目的は，パフォーマンス測定システムが満たすべき一般的な基準(Neely 他, 1997)を補完するような，レジリエンスエンジニアリングの視点による安全パフォーマンス測定システム(SPMS)の一連の評価基準を提案することである．

次いで，この一連の基準を建設分野において実施された2つの事例に適用した．レ
ジリエンスエンジニアリングに関する多くの研究は，航空や発電所などのように自動
化技術が多く用いられている複雑な社会技術システムに重点を置いているものの，建
設分野にレジリエンスエンジニアリングを適用する利点についてはこれまでの研究で
も示されてきている(Saurin 他，2008)．実際に，建設という業務は，その不安定さ
やダイナミックに相互作用する要素が多く含まれることなど，複雑システムの典型的
な特徴を有するものと捉えられている．このような環境——人間の行動が頻繁に変化
し，そしてその変化によってパフォーマンスがうまくいくような環境——には，レジ
リエンスエンジニアリングの原則や手法は特に適している(Hollnagel, 2012)．

5.2 レジリエンスエンジニアリングの視点による SPMS の評価基準

安全マネジメントのあらゆる側面において，レジリエンスエンジニアリングが提唱
する能力は汎用的なものである．そのためレジリエンスエンジニアリングを操作化
(operationalization)して SPMS 評価に使えるような別の概念に置き換える必要があ
る．

SPMS 評価のために提案された一連の基準は，SPMS の内容と効率性に注目してい
る．もちろん，安全パフォーマンスに本当に寄与するためには，組織としての学習に
加えて，基準(による評価)を通じて提供される理解にもとづく行動を実装する必要が
ある．

提案する基準は以下のとおりである[1]．

（a） SPMS は通常の作業を監視できるべき

この基準はレジリエンスエンジニアリングならではの前提，すなわち事故は通
常のパフォーマンスと本質的には異なるものではないという考えから生まれたも
のである．少なくとも重大な事故が発生するまでは，「通常」は日常の作業とい
う意で捉えられるべきである(Hollnagel, 2012)．それは，徐々にルーチンに組み
込まれ，やがて通常の状態となってしまうような近道行動と同様である．

通常の作業を監視することはそれをマネジメントすることでもあることから，
通常の作業を監視することで，パフォーマンスの変動要因にも光を当てることに

---

[1] 安全パフォーマンス測定システム(SPMS)を設計する際に，測定対象となる統計量や指標を
先に選択し，次いでその測定法を検討するのではなく，測定パラメータが満たすべき条件を規
範的に明示し，それにもとづいてその測定方法を決めようとしている点に本報告の特徴がある．

なる（Macchi, 2010）.

（b） SPMSはレジリエントであるべき

この基準は複雑システムのダイナミクスに由来する. つまり関連する情報を継続的に補足するためにはSPMSが適応する能力を備えていることが必要だからである（Oien 他, 2011）. SPMSが適応しているか否か，そしてどのように適応しているかをチェックするため，例えば外部監査や，その性能と有効性を評価するための測定によって監視することが必要である. 実際，レジリエントではないSPMSは劣化し（例えば，データの収集や分析が行われなくなるなどして），やがて利用されなくなる.

（c） SPMSは社会技術システムの全部分のハザードを監視できるべき

あるハザードの要因は，影響を与える対象からは時間的にも空間的にも離れているかもしれない. レジリエンスエンジニアリングはこの事実を認めており，複数の機能の通常の変動が組み合わさったり伝播したりすることが，時間や空間を超えて予期せぬ結果を導くことがあるということをこれまでも示している（Hollnagel, 2009）. したがって，社会技術システムの技術的，社会的，現場組織的，および外部環境的側面など網羅的に，広範囲にハザードの特定や監視がなされる必要がある.

（d） SPMSはリアルタイムの監視を目指すべき

複雑なシステムのダイナミクスに起因して，SPMSが提供する情報はシステムの状況と同期しなくなる可能性がある（Hollnagel, 2009）. したがって，パフォーマンスの情報がユーザーに送られたときには，システムはもはやデータが収集されたときの状態ではない可能性がある. この基準は事象発生とデータ分析の間の時間遅れを小さくすべきであることを示している.

この時間遅れをより小さくするための実現可能な選択肢は，SPMSが生成した情報を収集し，分析し，周知する作業を集中制御ではなく分散制御させることである. 実際，分散型制御は複雑なシステムを制御する方式の典型であり，SPMSを設計する際にはこの事実を利用すべきである.

（e） SPMSは安全以外の面の組織パフォーマンスも考慮すべき

この基準は，安全は業務とは切り離すことはできないというレジリエンスエンジニアリングの前提と基準（c）の双方に由来する. したがって，SPMSは通常安全に関連するとされる分野だけでなく，すべての分野および取組みに浸透する必要がある（Hopkins, 2009）.

この基準にもとづけば，品質マネジメントや環境マネジメントなどのような他のパフォーマンス測定システムが，SPMSに重要な情報を間接的に提供しうることが想定される．

（ｆ）　SPMSは完全性と使いやすさのトレードオフを調整すべき

リソースと時間の制約があるため，人間のパフォーマンスは効率性と完全性を同時に最大化することはできない(Hollnagel, 2012)．

SPMSも効率性と完全性のトレードオフの影響を免れることはできない．完全性（あるいは徹底性）の観点からは，複雑なシステムにおいて安全性を評価する際には少数の指標や対象に焦点を絞るべきではない．そんなやり方では，状況の微妙な差異を捉えることができなくなってしまうからである．効率的側面の一つである使いやすさの観点からは，どのようなパフォーマンス測定システムも費用対効果の高いものでなければならない．

このトレードオフをマネジメントするためには，測定のためには何が重要で何が重要でないかに関するガイドラインを充足しつつ，レジリエンスエンジニアリングのような根本的な安全のパラダイムを用いることが有益である．

上記の6つの基準のうち4つは，パフォーマンス測定システムを評価するための一般的な基準，あるいは規則を遵守するためだけの安全マネジメントのアプローチと比較して斬新なものである．それらを以下に示す．

- SPMSは通常の作業を監視できるべき．
- SPMSは社会技術システムの全部分のハザードを監視できるべき．
- SPMSはリアルタイムの監視を目指すべき．
- SPMSは安全以外の面の組織パフォーマンスも考慮すべき．

さらにこれらの4つの基準は，他の業務にどのようにかかわるかが明確ではないので，かなり安全に限定されたものといえる．

他の2つの基準は，すでに存在している基準をレジリエンスエンジニアリングの観点から再解釈したものと考えられる．SPMSはレジリエントであるべきという基準は，それ自身が継続的な改善の対象でなければならないという，一般的なパフォーマンス測定システムに対するよく知られた勧告と類似している(Neely 他, 1997)．しかしながら，レジリエンスエンジニアリングの視点は，通常の作業から学んだり安全には直接にはかかわりのない業務におけるパフォーマンスを考慮したりすることを通じて，どの分野で改善がなされるべきかに関する指針を与えるものである[2]．

完全性と使いやすさのトレードオフを均衡させるSPMSの必要性を重視する基準

は，どのようなパフォーマンス測定システムでも費用対効果が高いものであるべきであるという勧告と類似している(Neely 他, 1997)．しかし，示された基準は，SPMSにとってより意味のある言い回しで費用対効果のトレードオフを説明している．実際に，使いやすさはコストに影響するが，完全性はSPMSの効果に影響を与える．

さらに，レジリエンスエンジニアリングの視点は，SPMSによって測定される価値があるのはどんな量かを明らかにすることを支援するが，そのような視点は背景に安全パラダイムをもたない一般的な勧告によって取り上げられることはない[*3]．

また，一般的な基準では，測定対象量は戦略と連携して捉える必要があると述べているが(Neely 他, 1997)，安全に焦点が当てられている場合，この戦略との連携を分析することは簡単ではない．

本研究では，企業がどうあるべきかのビジョンを提供するので，企業戦略と安全マネジメントのパラダイムには重要な共通点があると論じている．この観点に立てば，ここで示された基準はSPMSがレジリエンスエンジニアリングの視点と連携する範囲(度合い)を評価するための基盤を提供しており，レジリエンスエンジニアリングの原則を実行しようとする企業にとって有益なものとなりうる．

5.3 研究方法

ブラジルの2つの建設会社(A社，B社)が事例研究の対象として選定された．A社の主な活動は中流および中上流の顧客や住民のための建築プロジェクトの開発と建設で，従業員は1,200名であった．B社は，主に複雑で堅牢な病院や産業用建築物のプロジェクトに重点を置いており，従業員は約200名であった．

すべての建設現場に常勤の安全専門家を配置し，施工にかかわる担当者と安全にかかわる担当者の双方が参加する建設計画ミーティングを毎週行うなど，注目すべき多くの取組みが共通している点で，両社の安全マネジメントシステムは非常に類似していた．

両社とも規制に定められた内容を超えた安全指標を有しており，彼らの建設現場の多くでは標準化された方法で作業が行われてきた．

[*2] レジリエンスエンジニアリングは，なぜ物事がうまく行っているか，という視点から俯瞰的にシステムを調べることを通じて安全を探求する方法論であるから，上記が期待できるのである．

[*3] だからレジリエンスエンジニアリングの視点はSPMSを構築するうえで重要なのである．

表 5.1 レジリエンスエンジニアリングの観点から SPMS を評価するための基準および下位基準

基準	下位基準	エビデンスの根拠
1. SPMS は通常の作業を監視できるべき	1.1 SPMS は失敗や有害事象の分析から生じる情報だけでなく、通常の作業（日常のパフォーマンス）の分析にもとづく情報を生成する。 1.2 SPMS は成功の結果を導くパフォーマンス変動要因と失敗の結果を導くパフォーマンス変動要因に関する情報を生成する。	指標にもとづいて結果を記述し収集するための手引きや書式。 指標にもとづく結果が記載されたレポート、事故調査報告書。 業務チーム、SPMS 責任者、中堅クラスの担当者との半構造化されたインタビュー。 手順や規制の対象外の慣行の探索を重視した建設作業の観察。
2. SPMS はレジリエントであるべき	2.1 測定対象量を収集、分析し、周知するための手順は時間とともに進化する。 2.2 リスクが変化したり SPMS を強化することで、メトリクスが除外されたり、取り入れられたり、修正されたりする。 2.3 SPMS の有効性と効率性を評価するためのメカニズムがある。	指標にもとづいて結果を記述し収集するための手引きや書式。 SPMS 責任者との半構造化されたインタビュー。 指標にもとづく結果が関係している公式・非公式事象の観察。
3. SPMS は社会技術システムの全部分のハザードを監視できるべき	3.1 ハザードを特定するための幅広い視点が採られている（例えば、組織的圧力、プロセス安全のハザード、個人的安全のハザード、健康上のハザード、安全のパフォーマンスに関連するインセンティブプログラムの副作用など）。 3.2 SPMS は、設計から廃棄／置換えまで、社会技術システムのすべてのライフサイクルとかかわりがある。	指標にもとづいて結果を記述し収集するための手引きや書式。 指標にもとづく結果が関係している公式・非公式事象の観察。 SPMS 責任者との半構造化されたインタビュー。
4. SPMS はリアルタイムの監視を目指すべき	4.1 関係者へのフィードバックは、安全に関連する情報を収集し分析した後、迅速に提供される。 4.2 情報を収集・分析し周知する作業は、複数の担当者（現場作業者、監督者、マネージャーなど）に分散して実施され、集中による負荷が掛かりづらい制御メカニズムへの依存の度合いを減らしている。	指標にもとづいて結果を記述し収集するための手引きや書式。 指標にもとづく結果が関係している公式・非公式事象の観察。 SPMS 責任者との半構造化されたインタビュー。

5. SPMS は、安全以外の面の組織のパフォーマンスも考慮すべき	5.1 SPMS は、それ以外のビジネス評価軸と比べてどの程度に安全が達成されているかを評価して、組織のなかで安全がどの程度の価値をもつものとして扱われているかについての理解を提示する*。 5.2 安全には直接かかわりのない指標（例えば、コスト、時間、品質など）は、安全の観点から改めて解釈される。	指標にもとづいて結果を記述し収集するための手引きや書式。 安全とは直接関係のない指標と関連する手引きや書式。 安全と関連のない指標が検討される会合の観察。 SPMS 責任者や他分野のパフォーマンス測定に関する責任者との半構造化されたインタビュー。
6. SPMS は完全性と使いやすさのトレードオフを調整すべき	6.1 SPMS の運用を維持するために必要なリソース（人的、技術的、財務的）は適切である。 6.2 SPMS 運用のデザインとそのルーチンは、その管理責任者によって完全に理解されている。 6.3 SPMS は、安全パフォーマンスに関する豊富で正確な知見を得るため、指標にもとづく結果を推定するために集められた質的データを利用する。 注）他の SPMS の完全性に関する理解は基準3（社会技術システムの全部分のハザードを監視できるべき）から導くことができる。	SPMS のマネジメントに直接的にかかわっていないスタッフ（作業員や監督者など）との半構造化されたインタビュー。 結果を収集・分析する手順の観察。 指標にもとづく結果が関係している公式・非公式事象の観察。

* 「私たちは安全を最重視しています」と主張する組織は多いが、実態として安全教育、安全設備への投資、警告への対処などがどのように なされているかを評価することを通じて、安全にどの程度の価値が与えられているかを知ることができる。

68

　レジリエンスエンジニアリングの観点から SPMS を評価するための基準は抽象的
であったため，それらをデータ収集の指針に結び付けることができるような下位基準
(sub-criteria)に分解する必要があった（表 5.1）．SPMS のデータ収集のために典型的
であると考えられる現場が，2 つずつ各社から選定された．それぞれの現場に対して
は，研究チームのメンバーが 2 カ月に 4 回の訪問を行い，各回およそ 2 時間ずつの調
査を行った．初回は，測定対象量や，データ収集，分析，および配信の手順を特定す
ることに注力しながら，SPMS の全体的な理解を得ることを目的とした．

　残りの 3 回の訪問では，初回の訪問で疑問として挙がったことを明らかにし，研究
者たちは表 5.1 のリストに示されるエビデンスの根拠(source of evidence)を求めて，
より専門的なトピックに調査を移した．

　データ収集を終えた後，研究者たちは，各社の施工担当者と安全担当者とともに議
論した SPMS の評価に関する報告書を作成した．

5.4 結　　果

（1）　調査対象企業における SPMS の主な特徴

　表 5.2 に各社の SPMS の主な特徴を示す．安全専門家に仕事が集中しており，トッ
プマネージャーと施工部門のマネージャーの関与が非常に低いということ，特に A
社においてそれが顕著であることをこれらの特徴は示している．

（2）　調査対象企業で用いられている安全指標

　5 つの指標が両社で用いられている．そのうち 3 つはかなり明快（事故発生確率，
ニアミス発生確率，作業員に提供される訓練量を測定した訓練指数）であるが，他の
2 つの指標については説明が必要である．安全活動率(PSAC：Percentage of Safety
Activities Concluded)は生産活動率(PPAC：Percentage of Production Activities
Completed)と呼ばれる両者で取り入れられている指標から示唆を受けて導入された
ものである．

　PSAC は，完了した安全活動と計画された安全活動との割合によって算出される．
何が安全活動とみなされるかに関する公式的な定義がなかったが，物理的な保護（例
えば，ガードレールなど）や，梯子のような作業場にアクセスするための設備を設置
することとかかわりがあることが調査によって示された．

第 5 章 安全パフォーマンス測定システム——レジリエンスエンジニアリングからの理解 **69**

表 5.2 A 社および B 社の SPMS の主な特徴

SPMS の特徴	A 社	B 社
指標はいくつあったか？ これらはすべての現場で収集したものか？	指標は 8 つ．すべての現場で収集．	指標は 7 つ．すべての現場で収集． そのうち 5 つが A 社で収集されたものと類似している．
指標にもとづく結果を推定するためのデータを集め，処理したのは誰か？	職員，施工管理者，作業員が専門家に必要な情報を提供し，安全専門家がデータを集めて処理．	A 社と同様．
指標にもとづく結果がどのような頻度で生成され，正式な報告がなされたのか？	各現場からのデータが月ごとに要約されたものと，すべての現場からのデータが月ごとに要約されたものがあった．	A 社と同様．
報告書の見た目はどのようだったか？	各現場の個別報告書，総合的な報告書いずれもグラフやそのグラフへのコメントがあった．ターゲットに関連する指標の状態を示すために，色を用いた視覚的な注意喚起もあった．	グラフやコメントが掲載されている報告書はあったが，A 社のように，視覚的な注意喚起はなかった．
指標にもとづく結果の議論には誰がかかわったのか？	安全担当者のメンバーのみ，月例会合で．	安全担当者，施工担当者，トップマネージャー参加の月例会合で．
各指標にもとづく結果の分析と伝達の主な機会	上述した安全担当者による月例ミーティング． 　規制によって義務とされている月例委員会． 　安全専門家によってコーディネートされた日々の安全訓練ミーティング． 　それぞれの現場には，月ごとの指標の結果が示された掲示板を設置．	上述した，結果を議論するためのミーティング． 　規則によって義務とされている月例委員会． 　安全専門家によってコーディネートされた日々の安全訓練ミーティング．

　PSAC は毎週監視され，安全活動が完了しなかったものについてはその要因が議論された．NR-18 指数（INR-18）の目的は，NR-18 と呼ばれるブラジルの建設安全にかかわる主要な規制ルールに従っているか否かを評価することであった．

　INR-18 は，213 項目を有するチェックリストから算出され，Yes（規制を満たしている）にマークされた項目の総数と Yes あるいは No にマークされた項目の総数との比率によって求められている．

3つの指標がA社のみで用いられた．それらは，NR-18に従わなかったことによる罰金の推定，安全性の欠如に起因した施工停止の回数，そして下請け業者に当てはまる多くの要件が考慮されている下請け業者の業績指数である．一方，2つの指標がB社のみで用いられた．それらは応急措置を要する事故（first aid accidents）の発生率，および現場における日々の活動の確認を行う安全専門家によって設けられた期限内に解決された安全に関する告知事項の数を評価するコンプライアンスとコミットメントの指標である．

5.5 提案された基準にもとづくSPMSの評価

（1） SPMSは通常の作業を監視できるべき

両社で用いられている10の指標のうち5つ（事故発生率，ニアミス発生頻度，罰金の推定額，応急措置を要する事故の発生頻度，安全の欠如に起因する施工停止の回数）は，有害事象の測定に焦点を当てている．通常の作業を監視する（下位基準1.1）のと異なり，安全性の存在ではなく欠如を反映する，頻度の低い事象が監視されている．にもかかわらず，有害事象に関する記述と規則どおりの作業とが比べられるならば，これらの指標を用いることによって通常の作業に対する理解を深めることができる．この分析により，日常のルーチンに組み込まれてきた適応行為を明らかにすることができるからである．

他の5つの指標（訓練指数，NR-18指数，下請け業者の業績指数，完了した安全活動の割合，コンプライアンスとコミットメントに関する指数）は通常の作業に焦点を当て，安全な状態の存在程度や，訓練や計画などのような安全をつくり出すためにとられてきた活動を監視している．しかしながら，レジリエンスエンジニアリングの視点の鍵である人間のパフォーマンスの変動性を捉えるために必要な作業観察を含む指標は，コンプライアンスとコミットメントに関する指数だけであった．実際，他の指標の着眼は技術システムの観察に限られていた．

両社で見られた10の指標から変動の原因や理由（下位基準1.2）に関する情報が抽出されたが，抽出されるものは，失敗という結果を導く変動の原因や理由に限られていた．

実際，すべての指標から生じるデータを分析する際には，両社の担当者は，何がうまく行ったのか，あるいはなぜうまく行ったのかではなく，何がうまく行かなかった

のか，あるいはなぜうまく行かなかったのかに焦点を当てていた．このアプローチをとったことで学習機会が失われたということが，研究者たちによって収集されたデータから示された．成功したアウトカム[*4]は公式的システム設計に固執することでもたらされたものではなかったのである．

（2）　SPMSはレジリエントであるべき

事例研究の期間内では，この基準による評価は困難だった．測定対象量を収集し，分析し，結果を周知する手順における実質的な変化を見つけ出す（下位基準2.1）ことや，測定対象量のうちの一部を除外したり，追加したり，適合化するような大きな変化を捉える（下位基準2.2）には，2カ月では不十分であった．

有効性と効率性の公式の評価から得られる理解にもとづいて，SPMSのレジリエンスを強化することはありえただろう（下位基準2.3）．しかしながら，どちらの会社もSPMSの評価手順は有しておらず，ほとんど安全担当者の直観に頼っているだけであった．

それでも，SPMSは多くの情報を提供しており，適切に解釈されるならば安全担当者の個人的な見識に依存することを回避しながら評価[*5]することができたであろう．

例えば，5つの指標（ニアミス発生率，施工停止の回数，事故発生頻度，コンプライアンスとコミットメントに関する指数，応急措置を要する事故発生頻度）を評価するために使われる基本情報は，あらゆる種類のハザードを指摘できる可能性を有している．したがって，これらの指標はSPMS自体を監視するためのデータを提供していることから，メタ・モニタリング・メカニズムと捉えることができる．A社およびB社の場合には，訓練不足は事故やニアミス，安全活動の不履行の主要因として同定されていないので，訓練指数と呼ばれる指標の必要性は疑問視されることになる．

（3）　SPMSは社会技術システムの全部分のハザードを監視できるべき

A社では8つの指標，B社では7つの指標があったにもかかわらず，何がハザードとみなされるか（下位基準3.1），その結果，何がSPMSで監視されるべきかに関する明示的な定義はなかった．技術的システムにかかわる不具合を見つけ出すNR-18指数のようないくつかの指標は，社会技術システムにおける特定の要素やハザードに対

[*4]　outcomeは「成果」と訳される場合もあるが，本書には「望ましくないoutcome」という表記もあるのでカタカナにした．

[*5]　有効性と効率性の評価．

して狭い範囲で焦点を当てている．すなわち，物理的な防護が設置されているか否か，それらが良好な状態に維持されているか否かなどを探ることである．対照的に，前節に述べた他の指標は，より広範なハザードを監視できる可能性を有している．

　もちろん，そのような監視を可能とするには，これらの指標を導出するのに用いられたデータの徹底した分析が必要である．例えば，日常業務に入り込んでいるハザードを作業者が報告していないため，結果的に，特定の種類のハザードが，ニアミス発生頻度という指標によっては監視されないという場合が考えられよう．

　下位基準 3.1 による分析はプロセス安全の監視に関する理解も提供した．この作業は，材料の性能試験や，床に置くことができる最大積載量をチェックするための外観検査などのように，品質マネジメントの一環として実施された．これらの手続きは，人身安全に焦点を当てた安全マネジメントシステムから独立した，認証された品質マネジメントシステムの一部であった．それゆえ安全担当者や作業者はプロセス安全のハザードの監視にはかかわっていなかった．彼らは品質マネジメントの手続きが安全に関係していることを理解していなかったからである．プロセス安全に関しては，両社とも物損（だけ）を伴う事故を監視するための指標は有していなかったことに注目したい．にもかかわらず，この種の小さな事故は両社では頻繁に発生していたようである．例えば，B 社の現場へのある訪問で，前夜の強い風に起因して壁が崩れたということに研究者たちは気づいた．

　しかし，安全専門家は，その種の事故を記録して調査することには関心がないと報告した．専門家はこの種の事故の調査は土木工学の技術的知識を必要とすることを当然のことと思っていた．しかし，建設現場の法的な責任者である土木技師でさえ，足場やトレンチ，掘削の設計責任者などのような外部専門家の知識に頼っていたため，プロセス安全の問題に対して責任をとることには消極的であった．

　この状況は，プロセス安全におけるすべてのハザードや，それをどのように監視すべきかということについて，十分に理解している建設現場の常勤作業員はいないということを意味している．また，2 つの SPMS は，いずれも製品ライフサイクル全体で安全パフォーマンスを監視しようとする可能性を見過ごしていた（下位基準 3.2）．この監視は，例えば，製品の設計段階において安全を監視したり，それぞれの設計分野（例えば，建築や公共事業など）が設計における安全に関するグッドプラクティスにどの程度従っているかを評価したりすることで実行することができるはずである．

第5章　安全パフォーマンス測定システム——レジリエンスエンジニアリングからの理解　**73**

（4）　SPMS はリアルタイムの監視を目指すべき

　SPMS のデータ処理および分析のサイクルは比較的長いが，2 社で用いられていた 10 の指標のうち，訓練指標と，コンプライアンスとコミットメントに関する指標の 2 つだけが，日々監視されていた．全体として，関連のある事象が発生した時点からのフィードバックが実質的に遅れるということが，下位基準 4.1 にもとづく評価によって指摘された．このフィードバックの遅れは，次の事由による．

① 　過去の事象(例えば，事故)からのデータ収集

② 　長期にわたり自然な状態であった不安全状態(例えば，ガードレールの不備)に関するデータ収集

③ 　各建設現場に 1 人しか働き手がおらず，データ収集，分析，フィードバックが安全専門家に集中し，負担がかかりすぎているという事実(下位基準 4.2 と矛盾)

④ 　報告書の作成と関係者への提出にかかわる遅延

（5）　SPMS は安全以外の面の組織パフォーマンスも考慮すべき

　両社の SPMS には，他の分野と比較してどのくらい安全が履行されているかを評価する仕組みがなかった(下位基準 5.1)．にもかかわらず，現行の SPMS には，この観点における理解を深めることを可能にする情報がいくつかあった．例えば，SPMS は，安全性と生産性のトレードオフの可視性を，PSAC(安全活動の完了にかかわる指標)と PPAC(生産活動の完了にかかわる指標)との間の比を計算することで向上させている．

　下位基準 5.2 に関しては，A 社と B 社は，他の分野の指標を安全の観点から解釈することは実施していなかった．もちろん，安全とはかかわりのない指標(例えばクライアントからの苦情件数)もあり，この観点からの解釈が逆効果になる場合もある．

　対照的に，明らかに安全とかかわっている指標もあった．例えば，両社には時間目標とコスト目標からの偏差を監視する指標があった．

　これは，プロジェクトの時間とコストが想定値以上だった場合，利用可能なリソース(例えば，金，時間，労働力など)に対する競合が強まり，安全のために配分されるはずのリソースが他に配分されてしまうということの警告情報となりうる．

（6）　SPMS は完全性と使いやすさのトレードオフを調整すべき

完全性と使いやすさの間のトレードオフは，SPMS の設計責任者である両社の安全担当者によって直観的に扱われてきた．安全担当者は SPMS の設計者でもありメインユーザーでもあることが，SPMS に関する知識やその目的の理解に影響を与えていた．

そのため，彼らは自身の視点によって，比較的簡単に情報を収集することが可能で，また意味のある情報を提供する指標を選定した．

これは，人的，技術的，財務的な既存のリソースの範囲で SPMS を利用できるよう，安全担当者によって取り入れられた適応戦略であると解釈することができる（下位基準 6.1）．にもかかわらず，安全担当者がこの業務を中心的に担うことによって，安全マネジメントは安全の専門家が関心をもつべき問題であるという考えが広まる結果となったのである．

マネージャーによって目的が誤解された指標は PSAC だけであった（下位基準 6.2）．施工活動が，マネージャーが信じていたように安全に行われているか否かを評価する代わりに，PSAC は物理的な防護を設置する活動が完了したか否かを評価していた．使いやすさは SPMS の設計者にとって当然の関心事であったが，完全性についてはそこまでの関心はもたれていなかった．

実際，SPMS の完全性を評価することは使いやすさを評価することよりも格段に困難である．複雑なシステムが直面しているすべてのハザードを把握することができず，結果として監視することもできないからである．

実際に困難ではあるが，（SPMS は社会技術システムの全部分のハザードを監視できるべき）の下位基準 3.1 と 3.2 の評価は，両社における SPMS の完全性に関する欠陥を指摘した．SPMS の不完全性は，ある指標群によって産出された量的データに過度に依存した結果でもある（下位基準 6.3）．ニアミス発生頻度は，指標を算定するために必要な質的データ（すなわちニアミスの記述）と比較して，妥当性のない定量データを提供する指標の一例である[6]．それゆえ，入手可能なエビデンスを踏まえれば，完全性と使いやすさのトレードオフは，両社とも使いやすさに重点が置かれた中間的状態にあるといえる．

---

[6]　ニアミスの定義自体が曖昧で質的なものであるため，その発生頻度という定量的評価指標の信頼性は高くなり得ない．

第 5 章　安全パフォーマンス測定システム——レジリエンスエンジニアリングからの理解　　**75**

5.6 結　論

　本章では，レジリエンスエンジニアリングのパラダイムにもとづいて SPMS を評価するための一連の基準を示した．レジリエンスエンジニアリングの考え方に従えば，一般的なパフォーマンス測定システムを評価するために用いられていた基準によるものでは得ることができなかった理解を得ることが可能であった．基準は抽象的であるため，それを適用するためには，レジリエンスエンジニアリングに精通したこの分野の専門家である人材が必要とされる．

　さらに，基準，下位基準，およびエビデンスの根拠については，多くのプロジェクトに広められ利用されることで，もっと洗練される必要がある．基準の有用性は，2 つの建設会社の SPMS において多数の改善点が見つかったことを通じて明らかにされている．例えば，次のとおりである．

①　安全パフォーマンスに関する報告には，プロジェクトの時間やコストに関連するような，生産性への圧力強度を測定する代用的指標になりうる他分野の主要な指標を含める必要がある．

②　PSAC と PPAC の比率のように，安全性と生産性のトレードオフを評価するための明確な指標を設けることができよう．

③　SPMS が何をハザードとみなすかについて，より広い視野をもつ必要がある．規制で取り上げられている明らかなハザード(例えば，落下，衝撃など)を監視することが好まれ，プロセス安全と組織的ハザードは軽視されている現状は改良が望まれる．

編者からひと言

　パフォーマンス測定とパフォーマンス指標は，プロセスマネジメント，生産マネジメント，安全マネジメント，レジリエンスマネジメントに必須の基盤である．またパフォーマンス測定システムは，費用対効果が高いものでなければならない．コストと有効性という概念に関しては，実践的な基盤が必要である．本章では，レジリエンスエンジニアリングの概念がその目的に利用できることを主張し，さらに 2 つの建設会社がどのように安全パフォーマンス測定システムを改善したかを詳細に調査することによって具体例を示したものである．

第6章
適応的パフォーマンスから学習するためのフレームワーク

Amy Rankin, Jonas Lundberg, Rogier Woltjer

6.1 はじめに

　ハイリスクな業務においては，その複雑さに対応するために，想定される業務（work as imagined：WAI）と，実際になされる業務（work as done：WAD）は，異なることが多い（例えば，Hoffman & Woods, 2011；Hollnagel, 2012；Loukopoulos, Dismukes & Barshi, 2009）．前もって考えられた計画や教科書的な例が，発生した事象や要求にいつも適合するとは限らない．そのギャップを埋める業務は，看護師，航空管制官，消防隊長，あるいは制御室のオペレーターに委ねられることになる．実務担当者の業務を詳細に観察し，調査することにより，間断なくパフォーマンスを調整することで，複雑さに対処し，外乱や予想外の事象を成功裏に処理する人々の物語[*1]が明らかになる．そのような物語は，組織がシステムのレジリエンスと脆弱性を同定するための重要な情報となりうる．

　業務にあたる人々を対象とした研究論文には，効率的かつ安全なやり方でタスクを完遂するために，パフォーマンスを調整している現場サイド（sharp-end）の人々の例が多数存在している（Cook & Woods, 1996；Cook, Render & Woods, 2000；Koopman & Hoffman, 2003；Nemeth 他, 2007；Woods & Dekker, 2000）．しかしながら，小さな適応を通じてシステムの設計上の欠陥を補うことは，システムの脆弱性が高まるという代償をもたらす．なぜなら，システムを完全に制御することやアウトカムを予測することは困難だからである（Cook 他, 2000；Hollnagel, 2008；Woods, 1993）．現場サイド（sharp-end）と支援サイド（blunt-end）という用語は，業務が行わ

---

　*1　「物語」という表現の背景については，**第4章4.3節の2つ目の箇条の記述を参照**.

れる場における特定の活動の状況とその状況を形成する要因の違いを記述するために
しばしば用いられる（Reason, 1997；Woods 他, 1994）．現場サイドと支援サイドの適
応的なパフォーマンスに影響を与える価値（values）や目的（goals）は，最適性と脆弱
性，効率性と完全性，即時的（acute）対応と中長期的（chronic）対応のようなトレード
オフの観点から理解することができる（Hoffman & Woods, 2011；Hollnagel, 2009）．
組織においては，それぞれの支援サイドによって設定された有効性，効率性，経済性，
安全性に関する多くの価値や目的にもとづいて，現場サイドが業務を適応させる．技
術システムや手順書の改善や書き換えのような経営レベルの意思決定の効果を予測す
ることは容易なこととは限らず，現場サイドのパフォーマンスに負の影響を与える意
図しない複雑さをもたらすこともある（Cook 他, 2000；Cook & Woods, 1996；Woods
& Dekker, 2000；Woods, 1993）．

　現場サイドにおける適応は，戦略の表れとしても説明されてきた（Furniss 他,
2011；Kontogiannis, 1999；Mumaw 他, 2000；Mumaw, Sarter & Wickens, 2001；
Patterson 他, 2004）．戦略とは，変動を検出し，解釈し，対処するための個人によっ
て用いられる適応である．例えば，引き継ぎの際に失われる情報を最小化するための，
あるいは既存のヒューマンマシンインタフェースにおける制約を補完するための非公
式の解決法も戦略に含まれる（Mumaw 他, 2000；Patterson 他, 2004）．活動の分析を
センスメーキング（sense-making）*2 や制御ループの観点から行うことを通じて，適
応はレジリエンス特性という観点からも特徴づけられてきた（Lundberg, Törnqvist &
Nadjm-Tehrani, 2012）．

　経時的な適応は，組織全体に重大な影響を与えうる（例えば，Cook & Rasmussen,
2005；Hollnagel, 2012；Kontogiannis, 2009）．適応のための個人の意思決定は，部分
的には合理的かも知れない．しかし，より広範囲のシステム（greater system）に対す
る効果は予測されておらず，意図されたものからかけ離れている可能性もある．また，
脆弱性がずっと露呈していたにもかかわらず，そもそも組織が何を探すべきかを知ら
なければ，それが脆弱性であるとは認識されないだろう．Rasmussen（1996）は，こ
の移動効果（migrating effect）を，コストや有効性のような，パフォーマンスをある
方向に向かわせる圧力（forces）の観点から説明している．それによると，圧力とは，
業務のパフォーマンスを，安全上受入れ可能と考えられる状態の境界に向かって（あ
るいは，時にそれを越えて）組織的に押す力のことである．

---

*2　一般的な意味は第1章の脚注*7を参照．本章では，想定していなかったことが起きたこと
　　に気づき，その意味を解釈するプロセスを指す．

第6章　適応的パフォーマンスから学習するためのフレームワーク　**79**

　本章では，複雑な業務環境における現場サイドの適応を分析するためのフレームワークについて述べる．筆者らは，さまざまな業務の状況における適応の体系的な同定と分析は，システムのレジリエンスと脆弱性の要素を解明するための重要なツールになりうると考えている．本章で述べるフレームワークは，安全マネジメントや他の経営のプロセスに統合されるツールとしてみなすべきである．なぜなら，それは専門用語のギャップ(terminology gap)を埋めるからである．このフレームワークは，医療，運輸，発電所，緊急サービスなど産業分野を超えて，現場サイドの実務担当者が適応してきた状況に関する蓄積されたデータ(成功したものとインシデントに至ったものの両方)の分析にもとづいて開発されている(Rankin, Lundberg, Woltjer, Rollenhagen & Hollnagel, 2013)．このフレームワークは，事後(retrospective)，即時(real-time)，事前(proactive)の安全マネジメント活動を支援する．事後分析は，このフレームワークを，成功したかも知れなかった適応的パフォーマンスの副産物とみなすことのできるインシデントを分析することに用いるものである．さらに，このフレームワークは予防的に用いることも可能である．すなわち，システムの能力を監視し，将来的な傾向を予測し，システムの脆弱性の可能性を示す微弱なシグナルを認識することを目的として事例を集めたり，パターンを同定したりするために使用するのである．

　本章では，制御ループを用いてこのフレームワークを拡張し，フレームワークのカテゴリー間の相互作用のモデルを付加する．その拡張されたこのフレームワークについて，危機管理と医療現場における2つの事例を用いて説明する．それらの事例により，適応の分析が，どのようにシステムの監視を改善し，システムの学習を拡大するための手段を提供するのかを示す．このフレームワークは，これまで学習ツールとして用いられてきた．しかし，将来的には，Watts-Perotti と Woods(2007)が，新たな視点を取り入れ，評価を修正し，再計画するという好機の拡大のアプローチを説明しているのと同様に，チームや管理者に，現下の作業を「一歩下がって」眺めてみたり，戦略が望ましい効果を有するものであるか否かを評価するための仕組みを提供しうるものとなろう．

6.2　複雑な業務環境における適応状態を分析するためのフレームワーク

　戦略フレームワークは，システムにおいて適応が行われる状況，適応の促進要因(enabler)，および適応の影響可能性(potential adaptation reverberations)を記述するものである．つまりこのフレームワークでは，適応を戦略として扱う．組織全体の

目標と適応に影響を及ぼしたであろう圧力とともに，そのときのシステムの条件および個人とチームの目標を同定することによって状況が記述される．リソースや他の促進要因は，戦略の遂行のために必要とされる条件を定義する．システムに対する戦略の影響可能性は，システムのレジリエンス能力(Hollnagel, 2009)や，現場サイドと支援サイドの相互作用の分析を通じて把握される．**表6.1**は，これらのフレームワークのカテゴリーの概要を示し，ダイナミックな環境において，それらのカテゴリーがど

表6.1　フレームワークのカテゴリーと説明

カテゴリー	説　明
戦略	ダイナミックな環境に対処するための適応．戦略は，局所的(現場サイド)に生み出され実行されるかも知れないし，組織(支援サイド)による指示あるいは手順の一部として生み出され実行されるかも知れない．あるいはその両方かも知れない．システムにおける適応効果を調べるために，戦略が生み出す機会(opportunities)や脆弱性が同定される．
状況	システムの適応ニーズに影響を与える要因，例えば，事象(外乱)，現在の要求など．状況からのフィードバックは，管理者にとって，現状を評価したり，対応を準備するための入力となる．フィードバックは，システムの設計や状況によっては，選択的あるいは不完全なものかも知れない．
圧力と目標	特定の状況における組織的な圧力の兆候の情報．圧力は，適応の意図やパフォーマンスに影響を与える組織からのプレッシャー(例えば，利益や生産性に関するもの)である．目標は，組織の全体的なゴールである．
リソースおよび促進条件	特定の戦略を実行するための促進要因．条件は，恐らくは，「ハード」(例えば，ツールの利用可能性)と「ソフト」(例えば，知識の利用可能性)である．このカテゴリーは，状況の分析に拡張され，その中では，何が戦略を実行することを可能にするのか(あるいは阻害するのか)に注目する．さらに，この分析は，システムの柔軟性に関する情報の精査に用いることができる．
戦略の目的	その戦略が何を達成しようとしているかの同定．逆に，その行動が避けようとしている結果として考えることも可能である．
レジリエンス能力	Hollnagel(2009)によって記述された4つの能力，すなわち予見能力，監視能力，対処能力，学習能力を含む．本カテゴリーは，直面する外乱のタイプに関連して，システムの能力(および無能力)のパターンの同定を支援する．
現場サイドと支援サイドの相互作用	分散化されたシステムの異なる箇所における戦略の認識と承認．システムは，組織のすべてのレベルにおいて，変化が業務にどのように影響するかを監視しなければならない．すなわち，学習するシステムは，よく機能する現場サイドと支援サイドの相互作用を有しているものである．

のように関係するかについて述べている．以降では，表6.1の概要を説明した後，このフレームワークを日々のオペレーションにおける適応の分析にどのように用いることができるのかを示す2つの事例について述べる．

表6.1 に，モデル，すなわちフレームワークを構成するカテゴリー間の相互作用について説明した．基本的な制御ループの原則を付加することにより（Hollnagel & Woods, 2005；Lundberg 他, 2012），筆者らは，社会技術環境のダイナミクスを明らかにすることを意図している．制御ループは，システムの現場サイドや支援サイドのような異なる組織の層におけるプロセスを説明するために用いられる．現場サイドと支援サイドの関係は，絶対的というよりは相対的なものとみなすべきである．なぜならば，どの支援サイドも，他にとっての現場サイドになりうるからである．

システムの変動性は，業務環境の変化や外乱のような外部の事象によって，あるいは人間や技術システムのパフォーマンスの自然な変動によって生じるものである．状況は，システムにおける圧力，目標，要求によって形成され，外乱によって影響される（図6.1，No. 1）．システムのフィードバックの監視により，どのような行動をとるべきか，つまり適応に対するニーズがあるか否かを評価することが必要である（図6.1，No. 2）．システム，組織の圧力と目標，戦略の目的，適切な戦略や戦略を実行するために利用可能なリソースの同定によってもたらされるフィードバックにもとづいて，現状の評価が行われる（図6.1，No. 3）．内部のループは，複合要因が適切な行

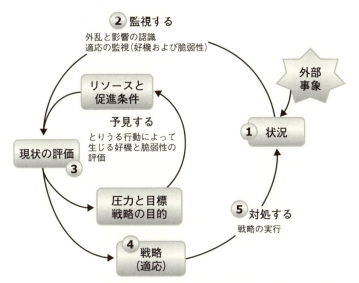

図6.1　フレームワークのカテゴリー間の相互作用を記述するためのモデル

動の決定においてどのように影響するのか，そして行動をとるに先立っていくつかの
オプションが評価されることを示している．もたらされるトレードオフは，適応が生
み出しうる好機と脆弱性の予見という観点で説明できる．その先に生じる困難を認識
しそれに備えるプロセスは，これまでセンスメーキングの未来志向的な側面，つまり
予見的な思考として説明されてきた(Klein, Snowden & Pin, 2010)．注意は特定の手
がかりを監視することに向けられ，対処は与えられた状況の中で起こりうることにも
とづいている．つまり，現状の評価ととりうる対応の同定は，同じプロセスの一部で
あり，現在の理解にもとづくものである(Klein, Snowden & Pin, 2010)(図6.1，No.
3)．適応(図6.1，No. 4)は，状況に影響を与えうる環境の変化につながる．

　内部ループのプロセスは，必ずしも明示的ではなく，とりわけ後知恵を用いなけれ
ば(そうすることの困難さは，一般的に後知恵バイアスとして説明されているが
(Fischoff, 1975；Woods 他, 2010))詳細な評価に利用できるとは限らない．

　それゆえ，分析者は，何が状況や対処の選択に影響するのかを調査(事後分析)する
ために内部ループにおける入力を同定し分析する際には十分に注意し，そのようなバ
イアスを避けるべきである．これらの要因の傾向やパターンは，将来の事象における
システムの変化の評価(事前分析)のために，何の条件や要因を監視すべきかに関する
重要な情報をもたらしうる．現場サイドあるいは支援サイドが好機と脆弱性のバラン
スをとることは，完全な情報によってなされるわけではなく，特に現場サイドにおい
て適応のために情報を解釈する時間はほとんどの場合限られている．意思決定やとら
れる行動は，限られた知識や特定の状況において利用可能なリソースにもとづいてい
る．つまり，それらは「局所的に合理的(locally rational)」である[*3](Simon, 1969；
Woods 他, 2010)．

6.3 ┃ フレームワークの説明──2つの事例

　ここでは，2つの事例を用いて，システムが現在の要求に対処するために，公式の
手順書の範囲外で適応しなければならない状況の分析にこのフレームワークがどのよ
うに適用可能かを説明する．それらの事例は，制御ループモデルを用いて，より詳細
に描かれる．分析における関心事は，システムが適応的なパフォーマンスの分析から

---

*3　限られた知識や特定の状況に依存しているので，「局所的に合理的」な結果しか得ることが
　　できない．

どのように学ぶことができるのか，そして，日々の適応を監視することがなぜ重要なのか，という点である．第一の事例では，危機対応チーム(crisis command team)がチームを再編することによって外乱に対して適応するが，後にシステムの脆弱性を高めるいくつかの適応の影響の監視に失敗するというものである．第二の事例では，産科病棟のチームが高い業務負荷に対処するために適応した成功例を説明する．その適応は経営レベルでも認知され，システムが現場サイドの適応からどのように学習するのかを実証している．このフレームワークを用いた分析の概要は，事例の説明と分析に続いて表6.2に示す．

事例1　縮小された危機対応チーム

　この事例は，危機対応チームが，重要な機能の喪失に直面して適応することを余儀なくされたものである．この事例は，実際の出来事(2007年のカリフォルニア山林火災)にもとづくスウェーデンの危機対応チームによるシミュレーション(Lundberg & Rankin, 2014；Rankin, Dahlbäck & Lundberg, 2013)から得られたものである．チームの全体的な目的は，情報を提供することや避難をマネジメントすることによって，火災の影響を受けるエリア内にいる2万人のスウェーデン人を支援することである．チームの主たるタスクは，エリア内における危険な煙に関する情報を収集し，配信することである．その情報とは，煙の酷さ，必要な防護，もし必要であればどこで支援が受けられるかといったことである．

　気象面での外乱に続き，対応チームの人員は，不意に18人から11人に減らされた．対応チームは，チームの機能と役割を再編することによって急遽対応した(図6.2，No. 1)．人員削減という外乱とその影響はチームによって評価され，それは対応チームのトップによって主導された(図6.2，No. 2)．新しい状況に対する適応は，チームの柔軟性によって可能となったが，それは組織設計が目指したことの一部である．すべての鍵となる重要な機能に対応するため，複数の役割を引き受けたメンバーもいた．本来の能力(competence)の範囲外の役割を引き受ける際の支援として，彼らは組織の手順書に書かれている役割説明を用いた(図6.2，No. 3)．その後，チームは再編されたが，この段階でも本来の能力の範囲外の役割を含む，複数の役割を引き受けているメンバーがいた(図6.2，No. 4)．

　この状況下における適応が残した影響を図6.3に示す．最初は，システムは効率的に初期の外乱に対処し，すべての必要な機能をカバーするように対応チームの構造を再編することによって適応していた(図6.3，No. 1)．しかし，組織は今や根本的に異

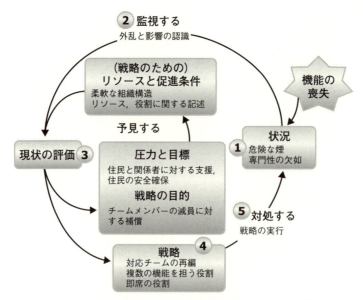

図6.2 事例1:対応チームによる適応を余儀なくさせた最初の外乱

なる方法で機能しており,不明確な責任を伴う非効率的な組織構造を通じて新たなシステムの脆弱性が生み出された.手順書を根拠にチームを適応させたこの事例は,手順書は行動を可能にする要件を必ずしも与えてくれるものではないこと,そして手順書を適用するには熟練していることとそれをどのように局所的な環境に適応させるかの知識を必要とすることを示している(Dekker, 2003).この状況の脆弱性はチームにより検知されず,あるいは少なくとも明示的には認識されず,重要な情報が失われた.すなわち,システムが適応したとき,チームの再編がタスクを適切に実行する能力にどのように影響を与えるのかを監視することに失敗したのである(図6.3, No. 2).

成功裏にタスクを完了することの困難さは,合同ブリーフィングが開催されたときや,入ってくる情報に疑問が呈されたとき(図6.3, No.3 と No. 4)に,まったく検知されなかったわけではない.しかしながら,タスクの適切な実行を保証することを目的とした戦略は,誤った解釈を解きほぐし補償するには十分ではない.不明確な責任のようないくつかの重大な側面が見落とされ,チーム内における矛盾した情報は検知されなかった(図6.3, No. 5)(Lundberg & Rankin 2014;Rankin, Dahlbäck & Lundberg, 2013).手順書は用意されていたが,チームはそれを局所的な環境に適応させる能力を欠いていたのである.

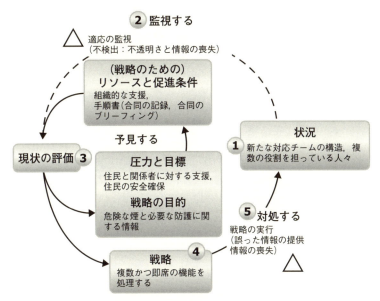

図 6.3 新しい状況に完全に適応し対処することに関する失敗

事例 2　産科病棟における高い業務負荷

　ある日の夕方，出産件数が急速に増えたため，産科病棟はカオス状態に陥った．病棟は人手不足であり，次々に担ぎ込まれてくる新たな患者のために使えるベッドはなかった．また，救急治療室が過負荷状態だったため，婦人科の処置が必要な患者が救急治療室から産科病棟に運ばれてきた．この状況に対処するため，医師の1人がすべての新生児の父親を帰宅させることを決定した．その意思決定は患者の間では不評だったが，この措置によりベッドを開放し，スタッフの処理能力を拡大し，すべての患者と出産に対して何とか成功裏に対応することを可能にした．この出来事の後，現状に対する分析が行われ，「産科病棟における極度な負荷」に対する新たな手順がつくられた．

　このシステムは，システムレジリエンスに寄与するいくつかの重要な能力を示した．なぜなら，図 6.4，図 6.5 に示されているように，そのシステムは，適応能力を事象に対応することや事象から学ぶことに使用したからである．最初は，多数の患者が病棟に流れ込み，状況的要因が変化していった（図 6.4，No. 1）．現在のシステム状態，目標と目的，使用可能なリソースの評価にもとづいて，責任者の医師は，必要な受入れ能力を拡張するために，リソースを再編することを決定した（図 6.4，No. 2, 3）．

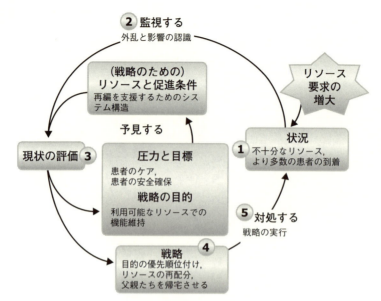

図 6.4 事例2:高い業務負荷による産科病棟における再編

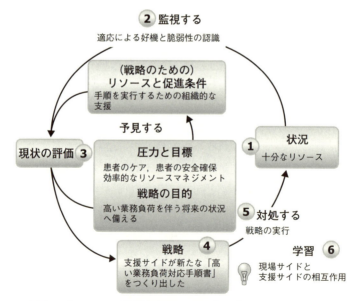

図 6.5 事例2:システムの監視と新たな手順書の導入を通じたシステムの学習

戦略が実現されれば，結果として，システムは高い業務負荷に対処するための十分なリソースをもつことになる（**図6.4**，No. 3，**図6.5**，No. 1）．その事態に続いて，組織の経営レベル*4 が事態に気づき，評価し，高い業務負荷下におけるシステムの脆弱性を同定した（**図6.5**，No. 2）．現場サイドの適応がうまく行ったことにもとづき，支援サイドは同様の状況に対応するための新たな手順書を導入した（**図6.5**，No. 3）．このようにして，システムは，よく機能する現場サイドと支援サイドの相互作用を通じて学習するための能力を示した（**図6.5**，No. 4）．

6.4 要　　　約

表6.2に，先に述べた2つの事例にこのフレームワークを用いた分析を要約する．

事例1で見られたように，適応がなされることで，システムの基本的な条件が，想定も検知もされていない状況に変化してしまう恐れがあった．この現象は，新たな技術の導入は業務環境に想定できない変化をもたらすものとして，現場サイドの適応に関する研究において指摘されてきたものである（Cook 他, 2000；Koopman & Hoffman, 2003；Nemeth, Cook & Woods, 2004）．それゆえ，適応は，それ自体のシステムに対する影響という観点だけでなく，それによる変化がもたらしうる新たなシステムの条件や脆弱性（あるいは好機）の観点からも分析しなければならない．現場サイドの適応は，複雑システムにおいて変化する要求に対応するために必要である．しかし，それらはまた，システムの効率性や安全性を高めるように成功裏に業務が完了することによって，システムの脆弱性を隠してしまうことになるかも知れない．このような業務の変化と何がそれらを生み出すのかを認識することにより，運用環境を理解し，プロアクティブな方法で安全をマネジメントするうえで必要な情報を得ることができる．その一つの例は，事例2の中で示されている．事例2において，現場サイドの適応は経営レベル*5 で承認され，認識され，組織全体を改善するためのガイドとして使用された．

（1）　監視の適応とその促進要因

調査の関心事は，適応に致命的な失敗が生じたとき（例えば，インシデントや事故）だけではない．想定されたパフォーマンスの範囲外におけるすべての適応は，システ

＊4　この「経営レベル」は以降の文の「支援サイド」と同義である．
＊5　つまり支援レベル．

表 6.2 フレームワークを用いた分析の概要

カテゴリー	事例1 縮小された危機対応チーム	事例2 産科病棟における高い業務負荷
戦略	各メンバーが能力範囲外の役割を引き受けることによる対応チームの再編. 複数の機能を担う役割. 脆弱性としては, 実行されなかった重要なタスクや, 専門知識の欠如, 組織構造の透明性の低下などがある.	ベッドの使用を患者や母親優先にし, 父親を帰宅させた(現場サイド). 新たな「高い業務負荷対応手順書」をつくり出した(支援サイド).
状況	危険な煙を発生させた森林火災. 支援が必要な住民. 重要な機能の喪失.	多数の出産による不十分なリソース. 過負荷によって救急治療室から送られてきた患者.
圧力と目標	住民の安全を確保すること. 心配する関係者に情報を提供すること.	治療を施し, 患者の安全を確保すること. 効率的なリソースのマネジメント.
リソースおよび促進条件	柔軟な組織構造. リソース. 役割の記述.	再編を支援するためのシステムの構造. 十分なリソース.
戦略の目的	チームメンバーの減員分の補償.	現在のリソースを用いた業務負荷のマネジメント.
レジリエンス能力	予見能力／対処能力.	対処能力／学習能力.
現場サイドと支援サイドの相互作用	支援サイドの戦略が現場サイドで強要された.	現場サイドの戦略は, 支援サイドにおける正規の手順になった.

ムの現在の状況, その適応の能力や脆弱性に関する情報を提供する. 成功裏になされた適応や, 適応の失敗, あるいは失敗に対する適応(Dekker, 2003)は, すべて動的環境下における日々の業務の複雑性を解明するための情報の鍵となる事柄を提供する.

日々の業務を理解し, 適応から学ぶことにより, 状況的要因, 圧力と目的のどのような組合せが, システムが適応を余儀なくされたときにシステムの脆弱性を生じさせるのかを認識できる. 同様に, 適応の同定が, 個人, チーム, 組織の適応能力(レジリエンス)に対する深い理解を可能にし, システム設計のための重要な情報を提供する. それはまた, 成功できる業務のやり方を, 設計, 手順書および適応を許容する条件の担保を通じて, システムに組み込むことを可能にする.

前述の事例は, 適応の効果を経時的に監視することの重要性を示している. システムは現在の要求に対処するために変更されるので, 想定されていない, あるいは理解されていないような変更が行われるかも知れない. フレームワークを用いた前述の適応の分析例は, システムのある部分における適応の影響が, システムの他の部分の脆弱性にどのようにつながりうるのかを示している(Rankin 他, 2011；Rankin 他, 2014).

その一つの例は，ある病棟で，異なる製薬会社に異なる効能の薬を注文する現場サイドの戦略をつくり上げた事例である．そのような注文が行われる理由は，同じ会社の異なる効能の薬のパッケージはほとんど同じように見え，負荷のかかる状況において間違った薬を使用するリスクが高まるからである．異なる製薬会社に異なる効能の薬を注文することにより，それらの薬は異なった色のパッケージになり，看護師が薬を色で整理することが可能になる[6]．しかしながら，いったんある会社の薬の在庫がなくなると，注文は自動的に他の会社に対して行われる．このことを知らされていない看護師は，色に対する期待から，深刻なインシデントあるいは死亡事故にさえつながりうる状況を発生させることになる．

（2）　レジリエンス分析と事故分析・リスク分析の統合

　このフレームワークは，深層防護を構築するうえで，負の事象からの学習（事故やインシデント調査）のための現在の手法を改善するために使われることを意図している（Reason, 1997）．従来，事故は，現場サイドにおける事象，状況的要因，破綻したバリアの同定を通じて分析され，その後に組織を縦断して支援・経営サイドへと調査は進み，組織の各層において破綻したバリア（深層防護）の分析が行われる．本章で示された手法は，適応を通じた成功を可能にした圧力や状況的要因を組み込むことによって，この分析を補完する．このフレームワークは，これまでにいくつかの産業分野において適用され（Rankin 他, 2011；2014），システムのレジリエンスと脆弱性を同定する応用ツールとしての可能性を示してきた．

　本章で挙げた事例は，監視とそれに続く適応からの学習の重要性を示している．そのためには，即時的，短期的，そして長期的な監視が必要である．このフレームワークを用いた評価を通じて，適応がどのようにシステムの他の部分に影響を与え，システムの条件を変え，新たな好機や脆弱性を発生させるのかを同定することができる．

　戦略の効果を観察するために，あるいは必要に応じた適応を行うために，即時的監視は，実時間のパフォーマンス中において「一歩後ろに下がること」（すなわち，視野を広げること）を必要とする（Watts-Perotti & Woods, 2007）．それは恐らく，再編に起因する脆弱性を同定しなかったために，今一歩足りなかった対応チームに関する事例1において有用であろう．実務担当者と共同で行うさらなる開発により，このフレームワークは，リアルタイム（即時）の「視野を広げる好機」のためのツール，あるい

---

*6　これにより，薬を混同するリスクは一見すると低下する．

は業務環境にいる実務担当者が短期的な監視を行うためのツールとしての有益性をテストされる段階に進むであろう.

短期的な監視は，事例2で示されたように，さらなる調査を目的として適応を同定し報告するための，現場サイドと支援サイドのよく機能する相互作用を必要とする．計画されておらず，文書化もされていない適応が，どのように負の事象を回避し，何がそれを可能にしたのかを学ぶことは，迅速な学習を可能にするだろう．従来のインシデント報告は，何が悪くなったのかに関する情報のみを提供する（場合によっては，なぜそうなったのかに関する情報も示すかも知れないが）．一方，成功裏の適応の側面も含んだ報告は，負の状況を回避するために何が機能したのかに関する情報，そして成功を可能にした要因に関する情報を提供できるであろう．このフレームワークを実用的かつ短期的な使用に供することにより，インシデント報告の枠組みを，このフレームワークの分析のカテゴリーや視点を含むように適応させることが可能になる（本章において説明された事例のように）．このフレームワークのさらなる開発の方向としては，公式の手順書の範囲外における適応が必要とされた事象発生後における事後行動レビューのガイドとして，このフレームワークを使用することがあろう．インシデント報告や事後行動レビューのために，実務担当者は，望ましくない結果を伴ったインシデントや負の結果を伴った状況の同定のみならず，彼らが計画されておらず文書化もされていない戦略を生み出し，あるいはそれらに頼ってきたレジリエンスの状況を報告するよう訓練されなければならない.

日々の適応のパターンやその影響を同定するための長期的な監視は，このフレームワークによって支援され，かつ，分析のための関連データを集めるうえで短期的な監視に依存する．事象発生後の余波を受けた状況の長期的な監視と分析は，適応的なパフォーマンスの傾向とその経時的な影響の同定を可能にし，システムのレジリエンス評価と将来的な変化がどのようにシステム全体の能力に影響を与えうるのかに関する予見ガイドとして使用できる可能性がある．しかしながら，分析者は，後知恵バイアスに注意しなければならない．すなわち，結果にもとづいて適応を評価するのではなく，状況や圧力，利用可能な条件が，システムのオペレーションやレジリエンス，脆弱性に関して，何を物語っているのかを調査しなければならないということである．インシデント報告と同様に，事故調査も，このフレームワークによって支援サイドとして用いることでレジリエンスの観点によって改善され，補完されうる．事故が起きたときには，以前，同様の状況がどのようにして成功裏に対処されたのかに関する情報を得ることは，想定される業務（WAI）に依存するよりも，むしろ実際になされる

業務（WAD）に対するより良い理解を得る余地を与えてくれる[*7]. さらに, このフレームワークを用いて, WADの一部として戦略を認識し, 同定された適応の影響分析を含めることによって, リスク分析を改善することが可能である. それにより, 適応の一部として生じた脆弱性を予見でき, 脆弱性を最小化するための条件を強化できる可能性がある.

　レジリエンスの用語を現在の安全マネジメントに統合することにより, 従来の報告制度からは浮かび上がってこない, 成功裏の適応的パフォーマンスの促進要因に関する深い理解を得ることができる. 現場サイドの業務を, それがうまく行かなかったときだけでなく, 何がそれをうまく行かせているのか, という観点から分析することは, どのようにして安全を改善し, 想定されていない思いがけない事象に対処する能力を高めるのかに関する新たな視点を与えてくれるのである.

編者からひと言

　WAIとWADの区別に加えて, もう一つの重要な二分法は, 現場サイドと支援サイドである. さらに, その2つは, 関連していないわけではない. なぜなら, どのように業務がなされるべきか（WAI）を規定するのは, しばしば支援サイドの人々だからである. しかし, それは実際の経験というよりは, 一般化された知識にもとづいている. Le Coze他の主張に続いて, 本章では, 複雑な業務環境における現場サイドの適応を分析するためのフレームワークを示した. その分析は, 悪くなったことに注目するだけでなく, 実際に起きたことに目を向ける. すなわち, WADへの注目は, 従来の報告アプローチが見過ごしてきたであろう経験を明らかにする. 4つの能力（対処能力, 監視能力, 学習能力, 予見能力）を用いてそれらを記述することにより, このフレームワークは, 人々がどのように想定されていない思いがけない事象に成功裏に対処するのかを見るための窓を与えてくれるのである.

[*7] 「何が想定されるべきであったか」を考えるのではなく「何が良好行為の鍵なのか」を考えるために有効である.

第7章
レジリエンスはマネジメントされなくてはならない──レジリエンスアプローチを含む安全マネジメントプロセスの提案

小松原 明哲

　社会技術システムは，さまざまな脅威により安定が損なわれる．その不安定は，われわれの社会に深刻な混乱や事故をもたらしかねない．そのような混乱を防ぐためには，脅威を除去，あるいは減じるか，あるいは脅威に対抗するバリアを構築することが必要となる．これは伝統的な安全へのアプローチである．しかしながら，これら伝統的な安全のアプローチは社会技術システムに安定を与えるのに十分とはいえない．そこにおいてレジリエンスアプローチが必要とされる．

　しかし，過去の事例研究や，本章で述べる事例に示されるように，レジリエンスが効果をもたらさないことや，場合によってはレジリエンスが機能共鳴という特有の事故を引き起こすことすらある．本章では事例研究を通じて，レジリエンスアプローチを含む安全マネジメントプロセスについて検討，提案する．

7.1 はじめに

　現代社会はさまざまな社会技術システムにより構築されている．それら社会技術システムは大きさの点でも，また，一時的なものから永続的なものまで，存続する時間の点においてもさまざまである．しかし，それらに何らかの不安定が生じると，われわれの社会は甚大なる影響を受け，崩壊することすらある．

　例えば，普通列車にちょっとした遅れが生じたことを考えてみよう．利用しようと考えていた航空機のチェックインに間に合わず，結果，得難いビジネスチャンスを失ってしまうかもしれない．これは重大なる損害をもたらすことになる．

　われわれの現代社会は，社会技術システムによりつくられており，それはガラスの城のように壊れやすいものなのである．それゆえ，システムの安定を図るための特別なマネジメントが求められている．

システムの安定を損ねる要素が脅威である．およそあらゆる社会技術システムは，常時さまざまな脅威に曝されているものであり，それら脅威から逃れることはほとんど不可能である．脅威には次の5つのカテゴリーのものがある．

① 自然の脅威：台風，地震，豪雪といった自然災害がそうである．また，小動物や昆虫も，例えば航空機に対するバードストライクのように，甚大な脅威になりうる．スタッフに感染症をもたらすウイルスや感染性の細菌なども脅威となりうる．

② 社会的脅威：いたずらや悪意のある行為である．テロは最悪なものである．線路に置石をする子供は，鉄道に対する社会的脅威となる．近年，サイバー攻撃がゆゆしい社会的脅威になってきている．

③ 技術的脅威：これは装置の故障といったものである．新技術が用いられた装置においては初期故障が生じがちであることはよく知られている．2013年に生じた B787 航空機のトラブルはその例である[*1]．また，いかに装置を頑強につくっていても装置が古くなれば，老朽化から逃れることはできず，やはり技術的脅威に見舞われる．

④ サービス対象による脅威：これは供給可能な限界量を超える需要が社会技術システムに生じたときの脅威である．鉄道では旅客が，医療機関では患者が殺到するようなことが起こると，その社会技術システムの信頼できるサービス水準全体が脅かされることになる．

⑤ 人的脅威：いわゆるヒューマンエラーや，規定違反といったことである．安全文化水準が低下すると，これらの人的脅威は加速度的に増加する．

これらの脅威により生じるシステム不安定化や事故を防止するために，特別の対応がとられなくてはならない．

（1） 脅威の除去・緩和

完全とはいかないまでも，技術的脅威や人的脅威，サービス対象による脅威はある程度，制御可能である．

技術的脅威については，技術リスクアセスメントや信頼性工学が有益である．サービス対象による脅威は，需要コントロールで対応できる．救急医療におけるトリアージや，航空管制におけるフローコントロール[*2]がその例である．人的脅威について

---

*1 新型機 B787 において採用されたリチウムイオンバッテリーが相次いで発火し，一時，世界中で B787 機が運航停止に追い込まれた事案．

第7章 レジリエンスはマネジメントされなくてはならない──レジリエンスアプローチを含む安全マネジメントプロセスの提案　**95**

は，従来からなされているヒューマンエラー防止対策が有益であろう．

（2）　脅威に対するバリアの構築

　自然および社会的脅威については，それを除去することはほとんど不可能である．そこで自然の脅威については防災対策，衛生管理が必要となる．社会的脅威に対してはセキュリティ対策が必要である．サイバー攻撃に対するファイアウォールがその例である．

　これらの対策は，従来からなされてきた安全アプローチであり，脅威に対する頑強さ（ロバスト性）を増すことにより，社会技術システムの安定を図るものとして，現在でも変わらぬ有益さをもたらすものである．しかし，こうした従来からの安全アプローチでこれら脅威による攪乱すべてから逃れることは，不可能であることも事実である．その理由として次を示すことができるだろう．

- さまざまな脅威が，再現性のない組合せにより現れては消えていく，という現場は多い．病院の緊急処置室はその典型例であろう．そうした事態において，技術的，経済的，社会的理由により，現実に生じている脅威すべてに対して理想的，かつ精密な対応策を講じることは不可能なことである．
- われわれの想像，予見を超える未知の脅威が存在するかもしれない．

　こうした理由により，別の対応が求められる．すなわち，出現する脅威に対して柔軟に対応するということであり，これこそレジリエンスのアプローチである．

　レジリエンスのアプローチには2つのタイプがある．一つが技術的レジリエンスであり，いま一つはヒューマンファクターズのレジリエンスである．技術的レジリエンスの例としては，建築物の免震構造が挙げられる．

　なお，本章では，ヒューマンファクターズのレジリエンスに論点を絞っていく．これは安全に対するヒューマンファクターズの一つのアプローチであり，いま一つは従来からのヒューマンエラー防止のアプローチである．Hollnagel（2012a）は，Safety-I と Safety-II の考え方を示しているが，前者は Safety-II に相当し，後者の従来からのアプローチは Safety-I に相当するものである．

---

　*2　航空機の離陸を一定時間，制限し，航空路上の航空機が過剰な混雑状態にならないようにすること．

7.2 レジリエンスは事故を防げないし，事故を引き起こすことすらある

われわれは，人々のレジリエンス行動により安全がもたらされると期待するが，レジリエンスが事故防止に効果をもたないケースも存在している．さらには，レジリエンスが事故を引き起こすことすら現実にはある．次の事案はそうしたことを考える一つの題材である．

（1） レジリエンスの能力が低いとき

現場においてレジリエンス行動をとるスタッフのレジリエンス能力が低い場合，安全は達成されない．現状に適応した解決をもたらすことができないのである．

Komatsubara(2008a；2011)は，レジリエンスを果たすためには，次の4つの要素が求められると述べている．

① テクニカルスキル：これは2009年に起きたハドソン川の奇跡を思い出せば明らかであろう．すべてのエンジンが出力を失った航空機を操縦するのに必要となるテクニカルスキルがなければ，機長は航空機をハドソン川に着水することはできなかったであろう．もしテクニカルスキルが貧弱であれば，システムにちょっとした乱れが生じただけで，COCOM(contextual control model；Hollnagel, 1993)のいう機会主義的または混乱状態制御モード(opportunistic or scrambled control mode)の行動に陥ってしまい，望まれない結果に陥ってしまうだろう[*3]．つまり，専門知識を含む良好なテクニカルスキルはレジリエンスの大前提なのである．

② ノンテクニカルスキル：ノンテクニカルスキルはレジエレンスに不可欠である．例えばレジリエントに行動するためには，脅威を予見し，監視していなくてはならない．そこで状況認識や監視スキルが必須である．良い情報を得て，良い対応をするには，コミュニケーションスキルも必要となる．

③ 心身の健康：心身の健康は前向きの行動への大前提である．風邪を引いたときのことを考えれば，このことは容易にわかるだろう．健康が損なわれると，良好な意思決定はできないものである．良いレジリエンスのための前向きの態

---

*3 COCOMとは人間の行動モードを示すモデルであり，時間的制約があるなかで問題解決の糸口が見つからないと，人は部分的な情報を手掛かりとした(opportunistic)行動モードやパニック状態のように混乱した(scrambled)行動モードに入るとしている．

度をもつことができないことにもなる．このため疲労管理や健康管理が必要となる．

④　態度：職業的責任感，社会的徳義，挑戦的態度といったことが不可欠である．2012年にイタリア沿岸で起きた大型客船コスタ・コンコルディア号の沈没事故では，乗客を救うためにレジリエントに行動すべき船長が，真っ先に船を脱出したと報じられている．これでは彼には職業的責任感が欠如していたと考えざるをえない．

レジリエンスを果たすべき職業的地位にいる者は，これら4つの要素に関してレジリエンス能力を高める研鑽をすべきである．同時に，組織は，組織構成員に求められる要素の種類と中身を明らかにし，レジリエンス能力を高める活動を支援すべきである．

（2）　レジリエンスのリソースの欠如

レジリエンスによる安全は，適切で十分な数のリソースがなくては達成できないことは明らかである．

2011年に起きた福島第一原子力発電所事故においては，発電所の職員たちはレジリエントに行動しようと努力したが，リソースが不足していた．彼らは制御卓の電力を回復しようとしたが，緊急用電力手段の準備が不完全であった．そのため，彼らは構内の駐車車両や近隣のカーショップから自動車用バッテリーを急いで集めることになった．

たしかにこれはレジリエントな行動といえるだろう．しかし，電力を確保するこのレジリエンスは，緊急用バッテリーがリソースとして準備されていれば，もっとスムーズに，かつ効果的になされたであろう．

組織は，現場スタッフがレジリエンスのために必要とするであろうリソースは何かを予見し，準備していなくてはならないのである．

リソースは道具や設備機器のようなハードウェアのみならず，資金といったソフト的なものも含まれる．レジリエンスのために必要となる時間も場合によっては重要な要素となる．

（3）　レジリエンスのフィロソフィの欠如

すべての組織は同時に達成しなくてはならない複数の目標を有しているものである．品質（quality），コスト（cost），納期（delivery），安全（safety）を意味するQCDSモデ

ルが典型例である．しかしながら，これら複数の目標を同時に満足することはほとんどの場合，不可能である．

ETTO の原理（Efficiency-Thoroughness Trade-off；Hollnagel, 2009）が示すように，コストと納期に関係する効率性と，品質と安全に関係する完全性は，しばしば対立する．その場合，人々は完全性より，効率性を求めてしまう．

さらに組織がコストダウンを推進しているときには，関係者は効率を達成しようとレジリエントに行動するものである．1999 年に日本で起きた JCO 社臨界事故がその例である（Komatsubara, 2006）．JCO 社は核燃料を製造する小さな企業である．同社が展開する強いコスト削減キャンペーンのもと，作業員らは液体ウラン燃料をとても効率的に製造する方法を思い立ち，認可された製造マニュアルに反して効率を求めてレジリエンスに行動したのであった．このため，臨界反応が生じ，2 名の作業員が亡くなった．

この事故において，レジリエンス行動は安全のためではなく，効率のためになされている．このことは，レジリエンスを安全の手段とするのであれば，レジリエンス行動がなされる前に，安全最優先のフィロソフィが確立され，共有されていなくてはならないことを意味している．組織の良い安全文化に支えられる強い安全意識がなければ，レジリエンスは事故へと漂流を始めてしまいかねないのである．

（4） 機能共鳴型事故の可能性

複数の人間がかかわる状況においては，それぞれが行うレジリエンス行動の組合せがまずいと，機能共鳴型事故（Hollnagel, 2012b）の発生が懸念される．次は，その例である．

事例 1　関係する者が同じ状況を有していないとき

これは筆者が体験したものである．個人的なものであるが，もしこれにより事故が起きると，社会技術システムとしての道路交通に大混乱を与えることになったであろう．

この状況は**図 7.1** に示される．筆者は自動車を運転していた．日本では英国と同じく，自動車は左側通行である．筆者は交差点 A を右折しようとして，右折ウインカーを出し，減速した．このとき，前方から路線バスがやってきて，同じく交差点 A の手前で右ウインカーを出した．そこで筆者は右折を始めた．しかし，バスは減速することなく直進を続けたため，危うく衝突する状態になってしまった．後に筆者は気

第7章 レジリエンスはマネジメントされなくてはならない──レジリエンスアプローチを含む安全マネジメントプロセスの提案　99

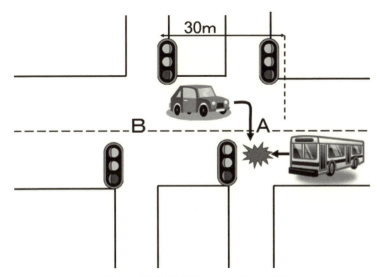

図 7.1　筆者が遭遇したニアミスの例

づいたのだが，このバスは，前方にある交差点 B を右折しようとしていたのであった．

　日本の道路交通法では，右左折をする場合，交差点の 30 メートル手前でウインカーを出すことが義務づけられている．したがって，バスの運転手の行動は，法律的には適切である．

　筆者が交差点 A の手前で速度を落としたので，おそらくバスの運転手は，筆者が彼の意図を理解し，バスが通過するまで待つと思い，直進を続けたのであろう．

　一方，筆者はというと，このバスは交差点 A の手前で右ウインカーを出したので，交差点 A で右折するに違いないと思ったのであった．したがって，バスが交差点を通過する前に右折を開始した筆者の行動は，自然なことであった．この事案の FRAM 分析は図 7.2 に示すとおりである．

　この事案では，バスの運転手と筆者とは，それぞれ相手の意図を誤解し，それにもとづきレジリエントに行動している．つまり，それぞれの行動の前提の組合せが不適切であったということである．

　すなわち，お互いに異なる状況，すなわち前提にもとづくレジリエントな行動は，機能共鳴型事故をもたらしかねないのである．

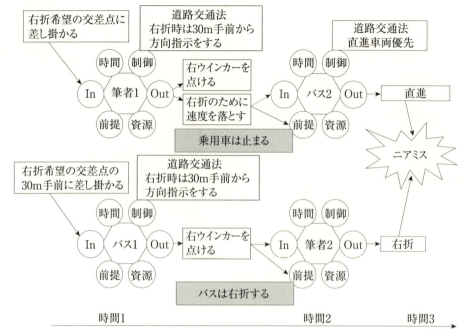

図7.2 自動車のニアミスの FRAM 分析結果

事例2 関係する者が異なる制御のもとに行動するとき

2001年に日本で起きた JAL907便と JAL958便のニアミス事故が典型例である (JTSB, 2002). この事故は, 2機の航空機が同高度で対向飛来したのが発端であった. 衝突を避けるために一機は TCAS(航空機衝突防止装置)の降下指示に従い, もう一機は管制官の降下指示に従った. その結果, 両機ともに降下し, ニアミスが生じたのであった. 図7.3は, この事故を簡略化して FRAM で分析したものである.

この事案では両機の機長とも, 高度あるいは針路を変更しないと衝突が起きるという理解は共通している. しかし, 衝突を避けるためのレジリエンス行動の基準においているそれぞれの制御が異なっているのである.

まとめるとレジリエンス行動をとろうとする人たちにおいて, 前提や制御が異なっていたり, タイミングが不適切だったりすると, 機能共鳴型事故が起こりかねない. このタイプの事故を避けるためには, 同じ前提, 同じ制御, 適切なタイミングといったことをいかに共有してレジリエンス行動をとるか, ということを考えなくてはならないのである.

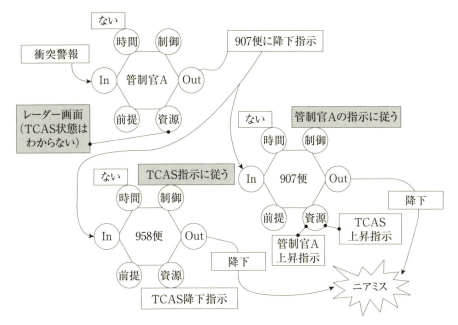

図 7.3 航空機のニアミス事故の FRAM 分析

7.3 責めない文化の確立

　Komatsubara(2008b)にもとづくと，レジリエンスにかかわる立場の人は，2×2のマトリックスに分類することができる．

　一つはレジリエンスの立場の軸であり，職業人の立場でなされるのか，一般人の立場でなされるのかということである．

　職業人としてのレジリエンスとは，業務として公共に奉仕する立場でなされるものである．医師，航空機の運航乗務員，消防士がその例である．これら職業人には，本質的，本来的にレジリエンスが期待される．

　一般人のレジリエンスとは，レジリエンスが必要となる場に偶然遭遇した人に求められるものである．Hollnagel(2011)は，レジリエンスの本質的要素として，対処，監視，予見，学習の4要素を指摘している．厳密にいうと，一般人のレジリエンスは予見と監視の要素を欠くので，レジリエンスエンジニアリングでいうレジリエンスには該当しないかもしれないが，議論を深めるために，本章では一般人のレジリエンスも取り上げてみたい．例えば，電車に乗ったとき，老人の隣の席に座ったと考えてみ

よう．もしその老人が急に心臓を患い，意識を失ったとしたらどうだろう．われわれ
は何をすべきだろうか？　われわれは傍観者の態度をとり，その状況から立ち去るこ
とも可能である．しかし，おそらくわれわれはその老人を助けるべく，何らかのレジ
リエンス行動をとるのではあるまいか．

　もう一つの軸は，そのレジリエンス行動をとる人自身に，負傷や死亡などの直接的
ダメージが加わるかどうか，ということである．

　換言すると，そのレジリンスは，他の人に向けてのみのものか，それとも自分自身
も含むものか，ということである．後者であれば，もしレジリエンス行動をとらなけ
れば，自分自身に傷害や死を招くので，傍観者の立場をとることはできない．

　表7.1 はこうした例を示したものである．

　特に，他人のためのみにレジリエンスを果たすのであれば，職業人のレジリエンス
であれ一般人のレジリエンスであれ，責めない文化が必要である．レジリエンス行動
は常に良い結果をもたらすとは限らない．レジリエンスではちょっとしたヒューマン
エラーは不可避である．さらに一般人のレジリエンスでは，レジリエンスを果たすの
に必要なテクニカルスキルをその人がほとんど持ち合わせていないことすらある．

　しかしそうした場合，まさにその状況でまさにその瞬間には，その人は適すると信
じる最善のレジリエンス行動をとっているのである．だが，結果的に望ましくない事
態がもたらされるかもしれない．そうしたときに，後知恵（hindsight）で責める声が
上がってしまうと，おそらく次のときからは，誰もレジリエンス行動をとろうとはし
なくなってしまうだろう．なぜなら，誰も望まれない結果に対する責任をとりたくな

表7.1　レジリエンス行動の区分

		傍観者的立場をとった場合，その人自身に直接ダメージが生じるか？	
		はい．レジリエンス行動をとらないと直接的なダメージがその人にもたらされる．	いいえ．レジリエンス行動をとらなくても直接的ダメージはもたらされない．レジリエンス行動は純粋に他人の幸福のためのものである．
レジリエンスの立場	職業人として	航空機の運航乗務員	医師
	一般人として	バスの乗客．乗っていたバスの運転手が突然気を失ったとき，もし何もしなければ自分自身が死傷事故に巻き込まれる．	他人がレジリエントな支援を求める状況に遭遇した人であったとしても，傍観者の立場をとることは可能である．

第7章　レジリエンスはマネジメントされなくてはならない――レジリエンスアプローチを含む安全マネジメントプロセスの提案　　**103**

いからである．それだからこそ，聖書ルカ伝第10章29～37節にもとづく，「善きサマリア人の法」*4 の考えにもとづく責めない文化が必要とされるのである．

7.4 レジリエンスはマネジメントされなくてはならない

　サッカーの試合を考えてみよう．選手たちはゴールを狙ってレジリエントに行動する．勝利は選手の頑張りにかかっている．それに加えて，監督やコーチも勝利に重要な役割を果たしていることに留意しなくてはならない．無論，脅威はまさにグラウンドの現場で生じているから，監督は選手の判断を尊重し，彼らの柔軟なプレーを保証する．しかし，試合中には監督は監督で自分の手の上に選手を置き，選手が良い状態を出せるようにレジリエントに行動しているのである．さらに監督は試合が始まる前から，すでに役割を果たしていることにも留意しなくてはならない．監督は試合相手を分析し，試合においての攻撃戦略を立て，選手が試合において最高のパフォーマンスを発揮するように各選手のトレーニング計画を立てる．監督たちは，選手のスパイクシューズなどといった装備にも気を配っているかもしれない．つまり，選手のパフォーマンスは，試合前からの監督やコーチのマネジメントに依存しているといっても過言ではないのである．

　これは安全においてもまったく同じである．

　現場が脅威に対してレジリエントに戦うときには，管理監督側も，例えば機能共鳴型事故を避けるなどのためにレジリエントに現場をコントロールしなくてはならない．さらに現場が脅威に打ち勝つように，管理監督側はしっかりした活動を行わなくてはならず，しかもそれは，現場がレジリエント行動を実際に始める前になされなくてはならない．

　つまり，管理監督組織は，現場のレジリエンスのために，日々の管理と準備をしていなくてはならないということである．

7.5 どのようにマネジメントすべきか

　前述の議論にもとづくと，われわれはまず，伝統的な安全へのアプローチからマネ

＊4　急病人など窮地に陥った人を救うために無償の善意の行動を良識的かつ誠実に行ったのであれば，たとえ望ましくない結果になったとしても，それについての責任は問われないという法概念．

ジメントを開始すべきである．レジリエンスアプローチは，独立して存在するものではないことを理解すべきである．

まず，可能な限り，現場が遭遇するであろう脅威を予見し，特定する必要がある．そしてそれらを除去，緩和し，あるいはそれら今日に対してバリアを構築する努力をすべきである．

それをすることにより，現場が意味のないレジリエンスに苦しむことを避けることができる．医薬品の投与ミスを例に考えてみよう．正しい患者に正しい医薬品が投与されない事態が起これば，医師は，投与ミスから患者を救うためにレジリエンスな行動をとらなくてはならなくなる．

しかし，そのレジリエンスは，正しい投与がなされれば本質的に避けられるものである．つまりこうした安全は，伝統的なヒューマンファクターズのアプローチにより本来的に達成すべきものであろう．

しかし，脅威を克服するのに十分な対応策を確立することは可能ではないかもしれない．ヒューマンエラーは起こるだろう．なぜなら，"To Err is Human（過つのは人の常）"だからである．そうなれば，レジリエンスが必要となる．さらに，想定，想像を超える脅威や，想定外の脅威に対するレジリエンスも必要となる．

想定外の脅威については，無論，予見は不可能である．しかし，システムにおいて望まれない事態を特定することは可能である．例えば，原子力発電所において，全電源供給喪失がどれほど深刻な事態であるかということはわかっている．そうであれば，望まれない事態の一つとして全電源供給喪失の発生に対するレジリエンスは準備可能である．

それができれば，現場の個々人のレジリエンス能力を強化することができる．つまり，想定される脅威と望まれない事態の種類を考えて，個々人に求められるレジリエンス能力の種類を明らかにする必要がある．

われわれは，現場が，要求されるとされたレジリエンス能力で十分であるのかを監視し把握する必要もある．それにより，そのレジリエンス能力の訓練プログラムを整備するのである．

それに加えて，ある場合には，レジリエンスに必要となるリソースを準備しなくてはならないだろう．さらに，レジリエンスが求められる事態に人々が遭遇したときには，個々人のレジリエンス行動のミスマッチにより生じうる機能共鳴型事故を避けるために，何らかのマネジメントも求められるだろう．

前述した自動車のニアミス事案であれば，「対向車に注意！」の看板が一つあるだ

けで，筆者がなした対向車は右折するとの前提を修正するのに十分であったかもしれない．

航空機のニアミス事案では，現在では，操縦士は TCAS の指示メッセージ（TCAS-RA：resolution advisory）にのみ従うように規定されている．この規定により，TCAS の指示を受けたしたときに，それぞれの操縦士が異なるコントロールに従うことが避けられる．

どんなに慎重に準備をしても，想定を超える望まれない脅威に見舞われる事態は起こるかもしれない．その場合，事前に準備されていた対応策は無力かもしれない．しかし，その状況に居合わせた人々がレジリエントに行動することで事態を静定させ，回復することに期待をかけることはできる．しかし，これは望まれない結果をもたらしかねない．仮に結果が望まれないものであったとしても，それを後知恵で非難すべきではない．このことは，社会に，責めない文化を形成する必要があることを意味する．

以上に例示した措置はいずれも，現場がレジリエンスを求められる事態に遭遇する以前に，管理監督側により十分に準備され達成されていなくてはならない．このことが広く理解されるべきである．

さらに，現場がレジリエンスを求められる事態に遭遇した後には，管理監督側はそれを把握し，事前の準備が十分であったか否かの評価を行わなくてはならない．この評価を通じて，必要に応じて，事前の準備を修正することができる．こうした評価は，経営者に対する学びももたらすであろう．

以上を要約し，本章では，ロバストとレジリエンスの双方を含む安全マネジメントシステム（safety management system：SMS）を提案する．これを図7.4に示す．このモデルにおいては，PDCA サイクルが採用されている．PDCA サイクルは組織管理において一般的に理解されているものであり，これを用いることで図7.4のモデルは組織管理者にスムーズに理解されることが期待できる．

この PDCA サイクルが管理監督者により推進され繰り返されることで，ロバストだがレジリエントなシステムが構築されていくことが期待できる．

7.6 結　論

本章では，社会技術システムの安定を保ち，安全を向上するためのレジリエンスアプローチを含む安全マネジメントモデルを提案した．レジリエンスアプローチは，ヒ

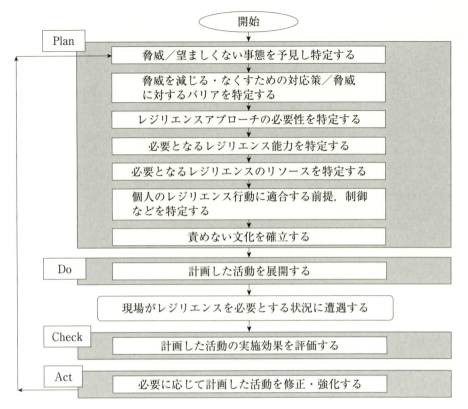

図 7.4 ロバストアプローチとレジリエンスアプローチの双方を含む安全マネジメントシステムモデル

ューマンファクターズを含む伝統的な安全へのアプローチから独立して存在するものではない．さらに，レジリエンスの安全アプローチは，事前の良好なマネジメントなしでは失敗に終わってしまう可能性のあるものでもある．もし，事前のマネジメントがなされていないのであれば，現場が仮に安全を達成できたとしても，無論そこから次の機会のレジリエンスに対して学ぶことはできようが，それは単なる幸運であったと言わなくてはならない．社会技術システムの安全をレジリエンスアプローチにより高めようというのであれば，安全戦略全体におけるレジリエンスアプローチの位置づけを理解しなくてはならない．

　事前の準備なしに，レジリエンスを勝ちとることはできないのである．

編者からひと言

　本章では，レジリエンス，あるいはレジリエンスエンジニアリングは万能薬ではないことに注意すべきであることを主張している．レジリエンスエンジニアリングの観点，より正確には Safety-II の観点は，安全マネジメントの代替として用いられることを意図したものでも，また実際に代替されるべきものでもない．それは新しい重要な一つの切り口ではあるが，安全マネジメントを補うためのものである．レジリエンスにもとづくアプローチは，（ヒューマンファクターズを重視することを含む）従来からの安全アプローチとは別のものとして頼るべきものではない．今日の扱いにくい社会技術システムの安全を高めるためには，安全の全体戦略の中において，レジリエンスアプローチの位置づけを正しく理解する必要があるのである．

第8章 レジリエントな社会技術システムの設計が抱える課題の事例研究

Alexander Cedergren

8.1 はじめに

レジリエンスという言葉は，一般的には，種々のストレスに耐え，そこから回復する能力のことを指す．心理学，工学，生態学などさまざまな分野において，この概念は極めて重要なものと理解されている(Birkland & Waterman, 2009；de Bruijne, Boin & van Eeten, 2010；Woods, Schenk & Allen, 2009)．

レジリエンスエンジニアリングの領域でとりわけ強調されるのは，さまざまな外乱に直面した際，それに適応し生き残るための各チーム・各組織の能力である．しかし，あるレベルで観察されるレジリエンスは，その上位のレベルや下位のレベルから影響を受け，変化する(Woods, 2006)．異なるレベルは異なる時間軸でそれぞれに進むのでレベル間には緊張や乖離が存在し，そのことがレジリエントなシステムの性質に影響を及ぼすことになる(McDonald, 2006)．このことから，レジリエントなパフォーマンスはいかに達成されるのかを理解するためには，社会技術システムにおける異なるレベル間の関係性を調べることが重要となる．そこで本章では，複数のレベル，複数の関係者が関与する状況において，さまざまなステークホルダー(利害関係者)間の相互作用が，社会技術システムのレジリエンスにどのように影響を与えるのかについて焦点を当てる．

本章で述べる分析は，スウェーデンの鉄道トンネルプロジェクトの設計段階における意思決定プロセスの事例研究にもとづくものである．この種のプロジェクトの意思決定においては，個々の関係者は最終決定の権限をもっておらず，さまざまな関係者がさまざまな視点で意思決定する．よって，このような状況は，個々のチーム，個々の組織を対象として考えるレジリエンス研究とは，重要な違いを有している．このよ

うなことを踏まえて本章では，レジリエンスエンジニアリングについてさらに考察を深めるだけでなく，新たな理解を得ることも狙いとしたい.

Woods(2003)は，システムのレジリエンスをマネジメントするための重要な課題として，次の4つの要素を挙げている. 本章では，これらをベースにした事例研究を行う.

- 新しいエビデンスが出てきた際の評価修正の誤り
- 組織間の断絶
- 正当化の根拠としての過去の成功
- 全体のビジョンを見失なわせるような個々の問題解決プロセス

これらの4つの要素は，次節で述べる分析のベースとして用いる. これは，Haleと Heijer(2006)の研究と似たアプローチでもある. 事例研究の解説をするに先立って，まず，スウェーデンの鉄道トンネルプロジェクトにおける意思決定プロセスの背景をまとめておく[*1].

8.2 鉄道トンネルの設計段階における意思決定プロセス

本章で説明する事例研究は，スウェーデンの鉄道トンネルプロジェクトの設計段階における意思決定プロセスにかかわる計18名に対して行った半構造化インタビューにもとづくものである. この事例研究には，6つの異なる鉄道トンネルプロジェクトが含まれており，180 m の長さのものから 8.6 km の長さのものまで，計28のトンネルがかかわっている. なお，この事例研究の予備的調査の結果については，Cedergren(2011)を，またより発展的な内容については Cedergren(2013)を参照されたい.

今回検討した意思決定プロセスには，重要な役割を果たす2組の立場が存在した. それらの位置づけを，**図 8.1**(意思決定プロセスの概略を図式化したもの)に示す. 一つの立場は，プロジェクトチームであった. プロジェクトチームは，鉄道インフラ（道路インフラも）の建設，保全にかかわる国家当局である運輸省の職員で構成されていた. また，リスクアセスメントおよびその他安全関連の書類処理にあたるさまざまなコンサルタントが運輸省から任命され，彼らもプロジェクトチームに含まれていた. もう一つの立場は，地元当局であり，これは地元の建築委員会およびトンネルが建設

[*1] 引用されている Hale と Heijer の文献は，レジリエンスエンジニアリングの鉄道事業への応用に関する先駆的研究を要約したもの.

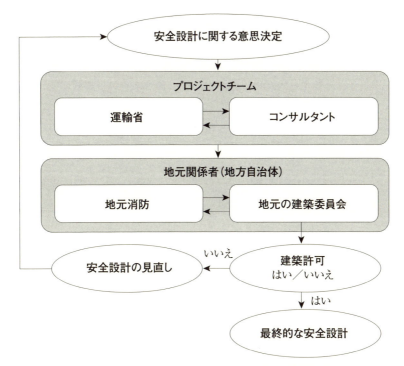

図8.1　鉄道トンネルプロジェクトの設計段階における意思決定プロセスにかかわる主な立場の関係

される自治体の地元消防で構成されている．上記の各担当者の役割については，次節で述べる．

8.3 結果と分析

　前述したように，この事例研究では，鉄道トンネルプロジェクトにおける意思決定プロセスについて，レジリエンスエンジニアリングの観点から分析し，特に，複数の関係者，複数のレベルが関与する状況において，さまざまなステークホルダー(利害関係者)間の相互作用が，社会技術システムのレジリエンスにどのように影響を与えるのかについて検討した．この分析の結果を，研究開始段階の指針として前述した4つの要素に対応づけて，以下にまとめる．

（1） 新しいエビデンスが出てきた際の評価修正の誤り

　鉄道トンネルの設計段階で意思決定すべき重要な事柄として，トンネルからの避難手段をどのように提供するかという問題がある．スウェーデンの建築基準では，ほとんどの建築物の避難手段が規定されている一方，鉄道トンネルにはそれが適用されない．代わりに，鉄道トンネルには別の法律や規定が適用されるが，これらの法規類によると，鉄道トンネルが運用に至る前に，地元の建築委員会から建築許可申請が承認される必要がある．

　これは，地元の建築委員会（地元当局）によって，運輸省（国家当局）が提案した設計が承認される必要があることを意味している．研究対象となったプロジェクトでは，地元の建築委員会にはリスクや安全，避難手段に関する問題に十分対応できる能力がなかったため，この審査に関しては，専門的有識者として地元消防が任命された．結果として，この地元担当者が，意思決定プロセスで重要なポジションを握ることになった．

　鉄道トンネルプロジェクトに適用された法規類において，もう一つの重要な側面は，鉄道トンネルの設計に関するリスク受容基準がなかったことである．このため，運輸省は，リスクベースのアプローチ（risk-based approach）にもとづく，鉄道トンネル設計用の手引きをつくった．この手引きによると，鉄道トンネルは，リスクアセスメントで推定される総合的なリスクレベルが，決められたリスク受容基準を満たすように，さまざまな安全対策を備えておかなければならない．鉄道トンネルにおいて最も重要な安全対策の一つはトンネル内に一定の間隔で配置される避難用出口である．これらの避難用出口は，火災やその他緊急時において，消防隊の進入口としても使用される．

　一つの避難用出口を設けるには多大なコストがかかるため，運輸省は通常，リスクアセスメントで必要と認められる以上の出口を設けるようなトンネル設計には消極的である．しかし，この事例研究で検討したプロジェクトのほとんどで，リスク評価で算出される出口間隔は，消防隊の観点から見ると長すぎることがわかった．このため，消防部門は，運輸省で採用されたこのリスクベースのアプローチを却下し，それとは異なる，より決定論的なアプローチを採用した．消防部門の考え方は，トンネル内での火災について，発生確率を問題にするのではなく，発生することを前提として意思決定を行うというものであった．

　トンネル内では煙が充満する可能性があるため，消防部門は，歩行距離を最小化す

るよう，避難出口の間隔をより短くすることを要請した．それぞれのステークホルダー（利害関係者）は，自分たちの意思決定プロセスの主張を通すためのさまざまなエビデンスを出してきた．運輸省が出した「エビデンス」は，リスクアセスメントと費用対効果の検討結果にもとづいていた．一方，消防部門が出した「エビデンス」は，同じ状況での救助活動の経験にもとづくものであった．このように互いの見解が相容れないものとなったのは，対象としている問題に対してそれぞれの見方がまったく異なっていたからであり，よってそれぞれに異なる解決策が提案された．

こうして，ある担当者が新しいエビデンスを出しても，他の担当者が自分の評価を修正できなかったり，あるいは少なくともそうしようとしなかったりするような意思決定の状況に結果的に陥ったのである．

（2）　組織間の断絶

異なる担当者が異なるエビデンスを持ち出したのは，それぞれが鉄道トンネルに関するリスクを異なる枠組みで捉えていたためである．結果的に，この事例研究の対象となったいくつかのプロジェクトでは，特に避難出口の間隔に関して論争が生じた．

前述したように，運輸省は，この避難出口の間隔の推定にリスクベースのアプローチをとっていた．しかし，消防部門は，ほとんどのプロジェクトにおいて，運輸省が推定した避難出口の間隔に賛同せず，非常時に立ち入ることを考慮して，避難出口の間隔はより短くすべきだと主張した．消防部門はさらに，排煙システムや給水管システムなどのような追加の安全対策および救助装置を整備する必要性についても求め，これらの追加措置が設計に含まれない限り，地元当局として建築許可申請を承認しない意向を示した．

いくつかのプロジェクトにおいて，プロジェクトチームのメンバーが，建築許可を楯にとった消防部門のこのような姿勢を目の当たりにすることになった．

多くのプロジェクトでは，消防部門によって追加の要請が出された結果，運輸省はあるジレンマに陥った．すなわち，消防部門が出した追加の要請に同意するとプロジェクトのコスト増につながる一方，それに同意しないとプロジェクトが遅延して結果的にコスト増になる．つまり，運輸省がどのようなアクションをとったとしても，それは望ましくない結果につながるということになった．

また，地元担当者の側も別のジレンマに陥ることになった．すなわち，運輸省が提案した設計を承認すれば，（深刻な結末に至る事故が生じた場合）不十分な安全基準のまま鉄道トンネルの建設を承認したと非難されるかもしれない．一方，それを承認し

なければ，地元で問題となっている重要なインフラ投資の代表的プロジェクトを遅らせたと非難されるかもしれない．つまり，地元担当者がどのようなアクションをとったとしても，そこでの意思決定について非難されるということになった．

意思決定プロセスにかかわる重要な担当者がこのようなジレンマに陥ることで，多くのプロジェクトでは，論争や膠着状態に至っていた．このように異なる組織間での断絶ができたことは，異なる関係者，異なる視点が存在する状況での意思決定には，解決しなければならない課題があることを意味している．

（3）　正当化の根拠としての過去の成功

複数のプロジェクトの膠着状態を打開し，建築許可申請の承認を得るため，運輸省は，消防部門が出した要請の一部に合意した．例えば，あるプロジェクトにおいて，運輸省は，消防部門が出した給水管システムの設置要請に同意した．すると，一つのプロジェクトでの安全対策に同意したということで，消防部門は，後に続く各プロジェクトでも同種の給水管システムの設置を要請した．このようにして，ある鉄道トンネルプロジェクトで承認された安全対策が一つの"先例"となり，後続のプロジェクトでも同じ決定をするための正当化の材料として使われることとなった．その結果，安全対策のレベルは，後続のプロジェクトにいくにつれて高まることとなった．

新しいプロジェクトで安全対策の要求が高まっていくことに対する反発として，プロジェクトチームのメンバーの中には，鉄道トンネルにおける安全への投資の費用対効果を考慮すべきだと主張する者も出てきた．彼らは，鉄道トンネル内の事故発生率は低いため，消防部門が要求した多くの安全対策は正当性をもたないこと，また，鉄道トンネル内では過去に事故事例はないことを主張し，自分たちの考え方を正当化する根拠とした．これらの担当者たちにとって，安全対策の先例をつくったことが不満をもたらしたのである．先例をつくったことによるコストの増加，遅延に加えて，先行する鉄道トンネルプロジェクトでとられた意思決定からも大きな影響を受け，リスクアセスメントは軽視されることとなった．このようにして，リスクアセスメントは，意思決定の根拠でもなければ重要なものでさえなくなり，逆に，多くの場合において意思決定プロセスにかかわる重要な担当者の交渉が決定に大きな影響を与えることとなった．こうして，最終的にリスクアセスメントが意思決定の根拠として用いられなくなると，プロジェクトチームのメンバーは，リスクアセスメントに多くのリソースを費やすことに疑問を抱くようになった．

このようにして，リスクアセスメントを根拠として用いる公式の意思決定プロセス

と並行して，非公式の意思決定プロセスが行われるようになったのである．非公式の意思決定プロセスでは，結果的に，先例や交渉などさまざまな担当者間の力関係によって決定が大きく左右されることとなった．次項では，鉄道システムがレジリエントに振る舞う能力が，これらのプロセスによってどのように影響を受けるのかについて述べる．

（4）全体のビジョンを見失わせるような個々の問題解決プロセス

鉄道トンネルプロジェクトの多くで起こった議論は，地元と国の両当局がそれぞれに異なる枠組みをもつがゆえに生じたものである．このプロジェクトでは建築許可申請の承認が必要であったため，地元関係者の考え方は，意思決定プロセスに大きな影響力をもつことになった．この考え方では，まず地元の視点で鉄道トンネルに焦点を当てており，したがって，各トンネルには（避難や救助の作業を確実にするための）種々の安全対策が設けられた．しかし一方で，地元側に重きを置いたため，地域的かつ国家的な観点で見た鉄道システムの機能に対しては，あまり目が向けられなかった．

そのため，何らかの障害に遭った場合でもレジリエントに運用し続ける能力など，より大きなビジョンとして見た鉄道システムの機能は，見落とされることになった．こうして鉄道システムとその全体レベルでの機能に対する一貫したビジョンをもつ人は誰もいなくなった．特に，トンネルのタイプや避難用の設備をどうするかを選択することに関して，この問題点は顕著であった．鉄道トンネルの建設方法が異なれば，避難手段の解決策も異なってくる．この事例研究の対象となったプロジェクトでは，図 8.2 に示すような 2 つの解決策があった．

図 8.2a に示す解決策は，2 本の並行する鉄道トンネルにそれらを接続する救助用トンネルを一定間隔で設けるというものである．一方，図 8.2b に示す解決策は，1 本の鉄道トンネルにもう 1 本並行する避難用トンネルを設けるというものである．後

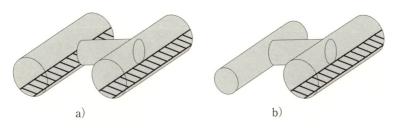

図 8.2　異なる避難手段を伴う異なるトンネルタイプの解決策．a) は 2 本の線路が並行するトンネルタイプ，b) は 1 本の線路と 1 本の避難用トンネルが並行するトンネルタイプ（避難用歩道は図示していない）

者では，技術的な制約のため，避難用トンネルのサイズを鉄道トンネルのものとほぼ同サイズにする必要があった．しかし，さらにもう少し大きめの避難用トンネルとするのであれば，それは予備の鉄道トンネルとして使えるようにもなるであろう（つまり，**図 8.2a** と同様のタイプにつくり替えることもできるであろう）．この策は，必要となる追加コストはごくわずかにもかかわらず，1 本の鉄道トンネルが何らかの障害に遭った場合でも鉄道システムの運用が継続できるという点で大幅な改善策となるという人もいた．しかしながら，意思決定プロセスにおける焦点は各トンネルの局所的な側面にばかり向けられていたため，それぞれのトンネルがより広範な鉄道システムに対してどのような影響を及ぼすのかについての考慮は限定的なものであった．このように，鉄道システムが地域的かつ国家的な観点からレジリエントに運用し続ける能力については，プロジェクト内ではあまり注目されることはなかった．

8.4 考　　察

　本章では，社会技術システムにおけるレジリエントな運用が，異なる立場，異なる視点をもつ関係者間の相互作用によってどのように形成されるのかに焦点を当てて説明した．前述のいくつかの節で紹介した事例研究が示すように，さまざまなタイプ，およびさまざまなレベルの関係者がいる場合，リスクの捉え方はそれぞれに異なり，結果としてリスクマネジメントプロセスに影響を与えるような異なるエビデンスをそれぞれに持ち出して主張することになる（van Asselt & Renn, 2011 を参照）．このような意思決定の状況では，関係者の誰もが優位な権限をもっておらず，結果的に主要担当者の間で意見の相違や議論が生じている．このような意見の相違によって，双方の担当者はそれぞれに異なるジレンマに陥ることとなった．すなわち，どのようなアクションをとっても望ましくない結果につながるという意思決定の状況である（Dekker, 2006 を参照）．地方自治体側はどのようなアクションをとっても非難されるというジレンマ，一方でプロジェクトチーム側はどのようなアクションをとってもコスト増に直面するというジレンマに直面した．リスクアセスメントを根拠として用いるという公式の意思決定プロセスと同時に，非公式の意思決定プロセスもとられていた．

　後者のプロセスでは "先例"，つまり以前のプロジェクトでとられた意思決定が重要な役割を果たした．結果として，担当者間の交渉によって合意に至る努力が重視される一方で，リスクアセスメントの結果は軽視されるものとなった．

第 8 章 レジリエントな社会技術システムの設計が抱える課題の事例研究 **117**

個々のチームや個々の組織に関する研究がレジリエンスエンジニアリングの領域に貴重な知見を与えていることに疑いはない．しかしながら，本章では，組織間の縦断的干渉の側面を考慮することも重要であるということを示した(Mendonça, 2008 についても参照)．大規模な社会技術システムの場合，レジリエンスは，マクロレベルでシステムを特徴づける一つの能力といえる．一方，マクロレベルの能力というのは，ミクロレベルでなされる個々のアクションや意思決定によってつくり出される(Vaughan, 1996 を参照)．このため，社会技術システムのレジリエンスがどのように培われていくのかを理解するためには，異なるレベルの組織間での縦断的相互干渉，すなわち局所レベルでのアクティビティ間のつながりとそれが全体レベルに及ぼす影響を深く検討する必要がある(McDonald, 2006；Woods, 2006 についても参照)．研究の視点を一人の関係者に限定するならば，システムのレジリエントな振る舞いが，さまざまな関係者間の横断的および縦断的相互作用によってどのように変化するのかを見失うことになる．

このため，本章では，システムのレジリエンスをマネジメントするための重要な課題として，Woods(2003)が示した 4 つの要素に着目し，大規模な社会技術システムをレジリエンスエンジニアリングの視点で分析することを試みた．これら 4 つの要素が社会技術システムのレジリエントな振る舞いにネガティブな影響を与えると結論づけることはできるが，その逆のこと，すなわち，単にこれらの要素の裏返しのことをすればレジリエントな振る舞いが可能になるかというと，それはこの限定的な事例研究からは言及することはできない．本章の最も大きな意味は，むしろ，レジリエントなシステム設計が突き当たる課題に対して，さらなる理解の仕方を与えたことである．特に，本研究の結果から，異なる関係者間のジレンマや交渉，先例，そして取り分け力関係が，重要な役割を果たしていることがわかった．レジリエントな社会技術システムを設計するためには，これらの諸側面をより深く検討する必要があり，そして本章では特に，複数の関係者それぞれの背景事情，すなわち社会技術システムが設計されマネジメントされる背景であるが，これに対して十分な配慮をすることが重要であることを強調した．

8.5 おわりに

レジリエンスエンジニアリングの領域においては，個々のチーム，個々の組織のレベルで進んでいる異なるアクティビティやプロセスに対しては大いに注目してきた一

方で，これらのアクティビティ群が社会技術システムにおけるさらに上のレベルに対してどのような影響を及ぼすのかについて，あまり目を向けてこなかった．

　本章で示した事例研究から，システムが地域的かつ国家的なレベルでレジリエントに振る舞う能力は，さまざまなステークホルダー(利害関係者)がとる局所的な視点によって制約を受けることがわかった．このことを踏まえて，本章では，社会技術設計において異なるレベル間での縦断的な相互作用がレジリエントなシステムの設計に対してどのような課題を突きつけるかを示したうえで，この相互作用を考慮する必要性を強調した．

編者からひと言

　本章では，小松原(第7章)が示した論拠をどのようにすればより体系的に実事例に適用できるのかを示した．また，実社会には多くの依存関係や潜在的競合関係があり，またそれらは大きなプロジェクトをマネジメントする際に考慮されなければならないことについて説明した．特に，時間的な(temporal)関係性が非常に重要となることが多いにもかかわらず，安全マネジメントが組織の構造関係だけを重視している場合には，それらの関係性が見えにくくなる．組織の上下関係や立場の枠を越えて存在する複数のステークホルダー(利害関係者)間の入り組んだ相互作用を理解しないままに，全体としての機能，さらにはそのレジリエンスについて考えるべきではないということである．

引 用 文 献

Birkland, T. A. and Waterman, S. (2009). The Politics, Policy Challenges of Disaster Resilience. In C. P. Nemeth, E. Hollnagel, and S. Dekker (eds), *Resilience Engineering Perspectives, Volume 2: Preparation and Restoration. Farnham*: Ashgate Publishing Limiled, 15-38.

Cedergren, A. (2011). Challenges in Designing Resilient Socio-technical Systems: A Case Study of Railway Tunnel Projects. In E. Hollnagel, E. Rigaud and D. Besnard (eds), *Proceedings of the fourth Resilience Engineering Symposium*. Sophia Antipolis, France: Presses des MINES, 58-64.

Cedergren, A. (2013). Designing resilient infrastructure systems: a case study of decision-aking challenges in railway tunnel projects. *Journal of Risk Rsearch*, 16(5), 563-582.

第8章　レジリエントな社会技術システムの設計が抱える課題の事例研究　*119*

doi: l0.1080/13669877.2012.726241

de Bruijne, M., Boin, A. and van Eeten, M. (2010). Resilience: Exploring the Concept and Its Meanings. In A. Boin, L. K. Comfort, C. C. Demchak (eds), *Designing Resilience: Preparing for Extreme Events*. Pittsburgh: University of Pittsburgh Press, 13-32.

Dekker, S. (2006). *The Field Guide to Understanding Human Error*. Aldershot: Ashgate Publishing Limited.

Hale, A. and Heijer, T. (2006). Is Resilience Really Necessary? The Case of Railways. In E. Hollnagel, D. D. Woods and N. Leveson (eds), *Resilience Engineering: Concepts and Precepts*. Aldershot: Ashgate Publishing Limited, 125-147.

McDonald, N. (2006). Organizational Resilience and Industrial Risk. In E. Hollnagel, D. D. Woods and N. Leveson (eds), *Resilience Engineering: Concepts and Precepts*. (pp. 155-180). Aldershot: Ashgate Publishing Limited, 155-180.

Mendonça, D. (2008). Measures of Resilient Performance. In E. Hollnagel, C. P. Nemeth and S. Dekker (eds), *Resilience Engineering Perspectives: Remaining Sensitive to the Possibility of Failure*. Aldershot: Ashgate Publishing Limited, Vol. 1, 29-47.

van Asselt, M. B. A. and Renn, O. (2011). Risk governance. *Journal of Risk Research*, 14(4), 431-449.

Vaughan, D. (1996). *The Challenger Launch Decision: Risky Technology, Culture, and Deviance at NASA*. Chicago: The University of Chicago Press.

Woods, D. D. (2003). Creating Foresight: How Resilience Engineering Can Transform NASA's Approach to Risky Decision Making. Testimony on The Future of NASA for Committee on Commerce, Science and Transportation. John McCain, Chair, October 29, 2003. Washington D. C.

Woods, D. D. (2006). Essential Characteristics of Resilience. In E. Hollnagel, D. D. Woods and N. Leveson (eds), *Resilience Engineering: Concepts and Precepts*. Aldershot: Ashgate Publishing Limited, 21-34.

Woods, D. D., Schenk, J. and Allen, T. T. (2009). An Initial Comparison of Selected Models of System Resilience. In C. P. Nemeth, E. Hollnagel and S. Dekker (eds), *Resilience Engineering Perspectives, Volume 2: Preparation and Restoration*. Farnham: Ashgate Publishing Limited, 73-94.

第9章
レジリエンスエンジニアリング理論とチームパフォーマンスの理論的解釈の整合化に関する考察

Johan Bergström,
Eder Henriqson, Nicklas Dahlström

9.1 はじめに

　レジリエンスエンジニアリングの分野での新しい進歩によって，さまざまな異なる組織レベルにおいてレジリエンスを向上させる新しい概念や手法が絶え間なく進展している．これらの進歩の一部では，作業の変化や外乱を適切に扱うための個人やチームの適応的な能力養成のための訓練に焦点が当てられている．なぜなら，作業タスク（少なくとも複雑な条件下での）は，手順書やマニュアル，規制が想定するように安定したものではないということが文献から認識されてきているからである．事前に決められた状況や対応する手順を適用する訓練以上のものが必要であるという認識が広がりつつある．重要なのは訓練により個人やチームが予期しない状況に対処する準備ができるようになることである．既往研究の報告では，筆者らは予期しない状況に対応するための新しい方法を導入している（Bergström, Dahlström & Petersen, 2011；Dekker, Dahlström, van Winsen & Nyce, 2008）．本書においては，チーム訓練の理論的基盤とレジリエンスエンジニアリングの理論的基盤を整合させる可能性について論じる．レジリエンスエンジニアリングの4つの能力（Hollnagel, 2011）のうち2つに準拠して，現場（sharp-end）の訓練に対する従来のアプローチはレジリエンスエンジニアリングの考え方に沿った概念にもとづいて見直し，改訂し，再適応させるべきであるというのが筆者らの主張である．

　本章では，最初に高リスク産業におけるチーム訓練の従来の見方について論じ，レジリエンスエンジニアリングの考え方と相容れない点を示す．次にそのような訓練に対する代替案を提案する．提案するアプローチはレジリエンスエンジニアリングにおける「対処する」および「監視する」能力（Hollnagel, 2011）と，分散認知と複雑性の

理論的見方をつなげるものである．ここで理論的課題の概要を述べる目的は，将来的に高リスク産業におけるチームパフォーマンスの訓練と評価のための手法を開発し，それをレジリエンスエンジニアリングの理論に，より整合したものとするためである．

9.2 従来の訓練方策

　従来の高リスク産業におけるチーム訓練の方策を理解するための重要な出発点は，それが作業の安定性(stability)という概念にもとづいているという点である．技術システムの挙動は精度良く予測できると仮定されるが，人間の挙動は重要な役割を果たす一方で予測が難しくエラーにつながる変動性を有するため，作業の手順化が訓練の中心となる．結果として訓練においては状況の同定とそれに対する反応に重点が置かれることになる．つまり，作業の状況を明らかにし，その状況に対応する手順を実行するということが中心となる．この意味で，人間のオペレーターは事前に定義された状況に対する多数の刺激と反応の組合せを効率的に保持している存在とみなすことができる(Hollnagel & Woods, 2005)．

　刺激と反応の組合せを保持する存在としての人間の研究は，結果として人間の認知に重点を置くことになる．この人間の認知は，正確な状況の認識と積極的なコミュニケーション，そしてリーダーとフォロアー間の効率的な相互作用にもとづく最適な情報処理により，正しく合理的な意思決定を実現すると考えられている．ヒューマンファクターとチーム訓練の領域において過去そして現在における支配的なこの情報処理パラダイムが最終的に示唆するのは，認知プロセスを評価するためには，行動分析にもとづいた異なる手法[*1]を用いるべきであるということである(Flin, O'Connor & Crichton, 2008)．ここで中心となる考え方は，人間の行動は純粋な人間の認知の現れであり，特定の認知プロセスは特定の行動に結びつくということである．この考え方が，結果的に行動指標にもとづく評価手法(例えば，NOTECHS)や，エラーの同定や分類に焦点を当てた実地作業観察の異なる形態(例えば，Line Operations Safety Audit(LOSA))がより多く用いられることにつながっている．

　しかしながら，高リスク産業の従来の訓練において人間の認知と行動に対してだけ焦点が当てられていたわけではない．近年，過去のインシデントにもとづくシナリオの利用がますます関心を集めている．この場合，過去のインシデントはインシデント

---

*1　刺激・反応論とは別の手法．

第9章 レジリエンスエンジニアリング理論とチームパフォーマンスの理論的解釈の整合化に関する考察 **123**

を発生させた問題を明らかにしてそれを解決するための訓練に組み入れられる．ほとんどの場合，この訓練は既存の手順の強化，または同じ事象が再び発生することを防ぐための追加の手順の導入につながっている．ここでも安定性が仮定されている．ただし，タスク内容だけでなくリスクについても安定性が仮定できていて，システムの厳格性(rigidity)を高めれば，以前に発見されたリスクを排除できると想定されている．例えば，国際航空運送協会(IATA)は，訓練と資格付与の方針の一部として，前述の概念をエビデンスベース訓練(EBT)として導入している．EBTでは，過去の事象のデータを収集し，共有し，分類することに重点を置いており，そこから将来の訓練に資する教訓を得ようとしている(Voss, 2012)．EBTプロジェクトの初期に得られたパイロットの安全に対する姿勢に関する結論として，脅威のある状況においてさえも標準的手続きを守らないという問題が注目された．また，エールフランス447便の事故は，主要なステークホルダーが類似の結論を出すきっかけとなり，欧州航空安全機関(European Aviation Safety Agency, 2012)やUK CAA(2013)が出した報告では「受け入れやすい」と考えられる説明が記述されていて，これにより産業界側は，より難しく複雑な説明を受け入れなくなっている．このような説明は，システムにおけるオペレーターの役割に関する理解の向上につながり，このような役割が，刺激−反応の考えにもとづく手順に固執するのではなくレジリエントな行動に着目することでどのように強化されるかを考えることに導いている．

　これらのモデルや手法は単純に理解でき，作業環境における安全性に関する問題をその環境で働く個人の行動にどのように帰着させるかを考えるうえで便利であるが，この単純さには無視できないトレードオフがあること，すなわち払うべき代償があるということがここでの問題となる．これらのモデルや手法はその規範としてタスクの安定性を仮定する一方で，作業環境における多くの高度に状況的な要素の複雑性を除外し無視している．仮にこれらの要素が同定されれば，オペレーターの作業プロセスにおける本質的なリスクに関する理解の向上に寄与し，異常や予期しない状況への対応だけでなく，日々の状況における変動への対応におけるレジリエンスの向上につながる．

9.3 ┃ レジリエンスアプローチ

　Hollnagel(2011)は，レジリエンスエンジニアリングによるアプローチは変化や外乱が起こる前，その最中，その後における組織の機能調整能力の深い理解に焦点を当

ており，その能力により予期された状況と予期されない状況の両方において必要とされる操作を維持できると説明している(Hollnagel, 2011, p. xxxvi). この広い意味での定義は，現状への対処，危機的状況の監視，潜在的問題の予見，事実からの学習などの能力を研究するという方策によって操作化(operationalized)されている(Hollnagel, 2011, p. xxxvii). 現場の人たちのための訓練にレジリエンスアプローチを導入するフレームワークを構築するための最初の問題は，訓練においてこれら4つの能力のうちどれに焦点を当てるかということである. 本章では，チーム訓練が現状への対処能力，および危機的状況の監視能力の向上にどのように利用可能かという点に関する概念的な指針の概要を述べる. ここでは予見と学習能力はこのような訓練の潜在的な副次的効果として扱われる. この概念的な指針の背景には，複雑性理論の見方に加えて，認知を特定の状況に置かれた参加者の間で分散した現象と捉える見方がある(Hutchins, 1995a). これら2つの見方は監視と反応の本質が状況依存であるという立場をとっており，これらの能力が個人レベルの信頼性のある行動の産物であるというよりは，複数の関係や相互作用から生まれる創発的な性質(emergent properties)であると考えている.

　複雑性理論においては，システムは完全には記述できず制御もできないという考え方をその基盤に置いており(Cilliers, 2005)，この考え方はレジリエンスエンジニアリングの視点から見ても安全上重要な作業(safety-critical work)の根本的な理解において重要である. 複雑性はあるシステムにおいて，物理的に離れている行為者(actors)，構成要素群，人工物群(例えば，同じ病院の異なる病棟，同じ空港に対して着陸態勢にある異なる航空機)の間の結合が短時間の内に緩いものから密なものになったとき，またそれぞれ自律的だった要素が高度に相互依存的になったときに発現する*2. この例としては通常はそれぞれ自律的に機能していた病院内の異なる病棟が，エスカレーションする状況に対応して高度に相互依存的になった場合が挙げられる(Bergström, 2012 ; Dekker, 2005). 同じようにレジリエンスエンジニアリングのアプローチにおいては，タスクの安定性と"正しい行為"のためだけに訓練を行う代わりに，変動性があることは正常な状態であるだけでなく，予期しない状況に対してダイナミックに適応するためには必要な能力であるという見方をしなければならないと考える必要がある. この意味は，すべての手順が安全な作業の遂行上で有害であるなどということではない. 予測ができるさまざまな状況における手順の理解とその適用だけでなく，

---

*2　ここで言及されている複雑性概念は，C. Perrow が著書 *Normal Accident* の中で定義しているものに相当する.

予期しない状況に対応する能力も訓練の重要な内容であるということを意味している.

　認知を, 個人についてではなく状況に付随する分散的な特徴として解析するアプローチにおいては, 人間を情報処理装置と捉える見方から, 人が技術システムや他人と一緒に関与する実際の作業自体へと関心がシフトしている. この意味で解析の単位は, 個人の心から特定の作業環境に関与している人間と人工物の複合システムへと変化しているのである(Hutchins, 1995b).

　したがって, レジリエンスエンジニアリングの観点からは, 対処する(respond)および監視する(monitor)能力を理解する基盤は, 人間行動の観察や, 技術中心のタスク分析モデルにもとづく人間のタスク分解や, ワークロードマネジメント, 状況認識, 意思決定などの動機づけにもとづくモデルや概念ではない. 解析の中心課題は現場のオペレーターが日々の作業で直面する複雑性と, 安全性を向上させるために彼らの適応性をどのように向上させるかという点にある.

9.4 対処と監視の訓練における重要な原則

　筆者らはそれぞれの組織において, レジリエンスの概念を訓練プログラムだけでなく, チームパフォーマンスの評価方法にも導入している. Bergström は複数の医療の専門家向けの訓練プログラムの開発に携わっている. Henriqson と Bergström はともに, ここで述べられている理論的な原理にもとづくチーム評価手法の開発を行っており, Dahlström は Bergström とともに, ここ数年エスカレーションする状況におけるチームコーディネーション訓練の新しいアプローチに取り組んでいる. Dahlström は近年エミレーツ航空の運航訓練におけるヒューマンファクターマネージャーになり, 従来よりさらに現実に近いところで活動している. ここまで述べてきた筆者らの研究の方向にもとづき, 本章の残りの部分においては, チーム訓練とパフォーマンス評価に対するレジリエンスからのアプローチの主要な原理に焦点を当てて説明する.

(1) 状況への対処

　成功, 安全, リスクといった概念と同じように, チームパフォーマンスは相互作用や関係性が複合した創発的な性質として理解されなければならない. この概念においては, 失敗につながるパフォーマンスと成功につながるパフォーマンスの間には本質的な差異はないと考える(Hollnagel, 2011, p. xxxv). この考え方は, チームパフォー

マンスが良好事例ガイドラインや過去のデータをより多く集めることによって確実なものになるという立場とは，対照的であることに注意しなければならない．この信条にもとづけば，システムに対して"正しい挙動"のような概念を要請してよいという考え方にも疑問を呈することになる．標準的な運用手順の遵守を強調したり，信頼性の低い人間を信頼性の高い技術で置き換えることにより，パフォーマンスにおける多様性の創発を許容したり制限するという考え方の先を行くために，レジリエンスからのアプローチは多様性と不確実性を扱うための現実的な方法を開発することを要請する．この意味で，作業を遂行する個人やチームの能力や，技術のデザインを解析するためには，個人だけの認知や行動ではなく，複合認知作業(joint cognitive work)の相互作用から創発する現象に着目する必要がある．

　通常の作業の相互作用やダイナミックな状況(context)は，行動に対するガイダンスを提供するのと同時に，実行された行動から影響を受ける．この場合，飛行中の衝突回避のような事象に対して緊急に必要となる行動が要求される場合を除いて，相互作用の特定のモードに優先度があるわけではない．例えば，Henriqson, Saurin & Bergström(2010)は，コックピットにおける広範囲な協調を左右するような局所的な表現は，それ自体は常に部分的で不完全な，内部的な表現(個人に特徴的な解釈の構造)と外部的な表現(シンボル，数値，データ，形態などの行動の背景を構成する要素)の間の，相互作用であることを明らかにしている．この結果が意味するところは，事象に対して最終的に決められた行動のプログラム(すなわち手順)を提供するよりは，オペレーターが利用可能な表現や相互作用の多様性を理解し，多様な状況に適用するスキルを養うことが本質的に重要であるということである．

　Nyssen(2011)が主張しているのと同じように，筆者らは，協調を複合認知システム(joint cognitive system)の概念として捉えることが，組織としての対処を理解するうえで重要な枠組みであることを強調している．前述の研究では(Henriqson, Saurin & Bergström, 2010)，協調が，民間航空機のコックピットにおける状況依存で分散された認知の現象としてどのように解釈できるかを述べている．この研究では，複合認知システム理論の総体的な捉え方を，既往研究で提示されている「共通の土台，解釈可能性，方向性の明確さ，同時性」(Klien 他，2005)という協調のための4要件と統合した見方を示している．さらに筆者らは，これらの協調のための要件を，エスカレーションする状況における複合認知システムの解釈を目指す研究で利用しており，それにもとづき複合認知システム理論にもとづくチームパフォーマンスの評価手法の第一段階的提案を示している(Bergström, Dahlström, Henriqson & Dekker, 2010)．

第9章　レジリエンスエンジニアリング理論とチームパフォーマンスの理論的解釈の整合化に関する考察　**127**

　チーム訓練プログラムの開発段階では，複数のプロフェッショナルによるアプローチを重視する．複数のプロフェッショナルが協調する状況では，参加者は安全性を左右する個別の要素としての信頼性というよりは，システムの創発的な性質としての参加者間の関係や相互作用の場としての状況を把握することができる．この複数のプロフェッショナルが参加する対話は，変化する状況に対応し今後の反応を強化し，現在のパフォーマンスを監視する組織の能力を強化する中心的な活動としてだけでなく，組織における学習の繰り返しや今後の相互作用の特徴の予測の幅を広げるために有効である．

　さらに，複合認知システム理論においては，フィードバックとフィードフォワードの循環により制御を定義するサイバネティクスアプローチを取り入れている．このアプローチは調整（regulation）のサイバネティックな概念（Ashby, 1959）と Neisser（1976）の知覚循環モデルと Hutchins の分散認知の概念（1995a ; 1995b）を結びつけるものであり，制御における機能主義的アプローチである．この意味で，制御は人間―タスク―人工物間の相互作用において生じ，状況に埋め込まれた活動が行われるというかたちで影響を受ける．ここで述べているレジリエンスの考え方からは，制御をシステムの対処（respond）する能力における創発的な特性と捉えることも可能である．筆者らは Hollnagel の提唱している状況制御モデル（Contextual Control Model）（Hollnagel & Woods, 2005）にもとづくチームパフォーマンス評価法の開発に取り組んでおり，そこでは参加者自身の内省と観察者の解釈を取り込むことにより，解釈される制御レベルがシナリオ中にどのように変化するかを明らかにすることを目的としている（Palmqvist, Bergström & Henriqson, 2011）．ここで注目すべき点は，挙動マーカー（behavioural markers）やエラー分類とは対照的に，制御の状況依存モデルは規範的ではないことである．これが意味するところは，特定の制御レベルが他と比べてより適切であるとみなすことはできず，むしろ状況やその流れに強く依存するということである．これが従来の情報処理の枠組みにおける挙動マーカーやエラー分類を越えることができる有望な方法である．

（2）　危機的状況の監視

　「状況認識（situational awareness）」のように情報処理の概念として広く受け入れられているものも，レジリエンスの観点からは問題を含むこととなる．複雑システムにおいては，完全な，またはいかなる意味においても完結して正しい状況記述というものはありえない．後知恵にもとづきオペレーターが最適な状況認識を有していなか

ったと非難し，適切な監視を実現するための訓練によりこれを是正しようと試みるのではなく，安全が重要な環境における作業においては，訓練の焦点は（異なる経験や見方にもとづく）多様で競合する意味づけが共有され利用可能になることを目指すべきである．これにより，日常の状況に対するベストプラクティス（優れた実践能力）だけでなく，異常時や予想しない状況に対処するスキルも同時に習得させることが可能になる．

　突き詰めれば，これは複雑性理論においてその基本となる多様性の概念に向かう変革である（Cilliers, 1998）．複雑システムは多様性をもつときにはレジリエントであり，それはまた監視する能力のレジリエンスについての解釈により裏付けられなければならない．多様性は，異なる実務担当者は根拠と見られるものへの対応に関して，そのような根拠の構築だけでなく，それぞれの見方にもとづく異なるレパートリーをもっていることを示唆している（Dekker, 2011）．業務に従事する複数のプロフェッショナル（特に助産師）の間の密な連携の解析に関する最近の研究でも同じような主張がなされている．この研究においては良好事例ガイドラインにもとづきパフォーマンスを評価するという考え方[*3]に関する疑問点を提起し以下の点を強調している．

　　患者の安全を確保するためには，複雑な状況においてレジリエンスが確実に創発されることを保証する多様性の肯定的な側面を認識し評価し増大させる努力が重要である．そのような努力は，医療スタッフの代表が，より明確で効率的な患者中心のケアを実現するために，仕事における困難で複雑な状況を認識する機会が与えられるようなプロフェッショナル相互のチーム訓練活動を通じて養われる（Dekker, Bergström, Arner-Wåhlin & Cilliers, 2012）．

レジリエンスの観点からは，システム状態についての認識の差異を監視し解消する戦略に着目することを通じて，監視の概念を複合認知作業[*4]のレベルで考える必要がある（Cook, Render & Woods, 2000）．複雑な状況における複数のプロフェッショナルのチーム訓練の概念に関して再度述べるならば，開発にあたっては訓練実施以降のある時期にお互いに密に連携し依存して仕事を行うことになる参加者を集めることが重要である（Bergström, Dekker, Nyce & Amer-Wåhlin, 2012）．彼らはファシリテー

[*3]　レジエンスエンジニアリングは良好な事例から教訓を抽出することを重視している．しかし，良好事例と比較するということは，現事例の欠点に目を向けることなので疑問．

[*4]　複数の行為者が密に連携して問題解決を図る作業を指す．

第9章　レジリエンスエンジニアリング理論とチームパフォーマンスの理論的解釈の整合化に関する考察　**129**

ターの助けを借りて，共通の基盤を構築し自分とは異なる他の人の見方をより多く知り，組織が最も複雑な状況に直面したときに成功裏に対処するための前提条件を共同でつくり出していかなければならない.

9.5 議論のまとめ

　レジリエンスエンジニアリングの理論は，ダイナミックで目的が競合するような場において，同じ種類のプロセスがどのように成功と失敗につながるかということを扱っている.　この重要な原理は，タスクが定常であるような場を前提としている従来の考え方を越えようとするものである.　結果として組織のレジリエンスを向上させるには，レジリエンスエンジニアリング理論に整合したチームパフォーマンスと訓練に関する理論的な指針を確立する必要がある.　本章ではこの指針にどのような内容を含めるべきかを議論している.

　レジリエンスエンジニアリング理論の中心となる考え方に整合させるためには，現実への対処(responding to the actual)と危機的状況の監視(monitoring the critical)に関する組織的能力を向上させる考え方は複雑性理論と分散認知理論にもとづいていなければならないというのが本章の主張である.　この2つの視点は相補的である.　分散認知的視点は，分析の単位を個人の行為者から複合認知システム(joint cognitive system)における協調行動にシフトさせることに寄与している.　これらの活動は，協調の成功と，協調活動から発生するレベルの制御がうまく行く条件にもとづき理解し解析することができる.　ここで複雑性理論において本質的な創発の概念により，この見方が重要になってくる.　この見方は，複雑性理論において分析の単位が個別の行為者の行動というよりは行為者間の相互作用との関係でなければならないと示唆しているだけでなく，複雑システムにおいて多様性がある場合にレジリエントになるという主張にもとづき，危機的状況をどのように監視するかという指針を明らかにすることにも寄与している.　結果として，チーム訓練に対する指針は，一様性と厳格性よりは，従来のチーム訓練においてはリスクとみなされる多様性を強調し拡張するものでなければならない.

　複数のプロフェッショナルが関係する議論は組織としての多様性を深めるために重要であるとみなされ，ここでHollnagel(2011)がその概要を述べているレジリエンスエンジニアリングの三番目と四番目の能力が関係してくる.　つまり予見と学習の概念である.　この複数のプロフェッショナルの関係に関する議論において，行為者はお互

いの見方を学ぶことができ，それによって関係する複合認知システムの現在そして未来において，自らが参加することができる共通基盤を確立することができるのである．この見方によれば，チーム訓練に関しては4つの活動は無関係に独立しているわけではなく，むしろこの4つは密に関係した活動であり，このような複数のプロフェッショナルの学びから得るところが大である．

編者からひと言

安全マネジメントは，レジリエント性がどの程度であっても，明らかにシステム内で働いている人々の能力と経験に依存している．この能力と経験は，その大部分が提供される訓練に依存している．本章ではレジリエンスエンジニアリングの基本的な前提(タスクは定常的ではなく，それゆえ多様性と調整が必要である)が訓練に対してどのような意味をもつかについて述べている．またチームパフォーマンスと訓練に関する理論的指針についての考察を提示しており，その内容はレジリエンスエンジニアリングの原理，特に対処と監視の能力に整合したものとなっている．このような指針を開発することは，要求事項から仕様へと進む重要なステップである．

第10章
脆弱性を認識したレジリエンスの設計

Elizabeth Lay, Matthieu Branlat

エンジニアリングとは，芸術や科学を実際的問題に応用するための学問分野である．レジリエンスエンジニアリングは，高信頼性組織(high reliability organization：HRO)やレジリエンスエンジニアリングの原則をレジリエントシステムの設計に応用するための学問分野である．脆弱性をアセスメントすることは，戦略や戦術を選択・採用する際の第一歩であり，脆弱性(とレジリエンス)を認識することは学習可能なスキルである．本章では，脆弱性を認識するためのスキルを向上させる方法を示す．さらに，その方法をあるワークショップで応用して，脆弱性をアセスメントし，それを受けてレジリエンスを向上させるための戦略と戦術を設計した結果について述べる．これらのトピックスは保全活動との関連において探究されたものである．

10.1 はじめに

高リスクかつ(事故が起こった際の)結果が深刻な分野で業務をしている組織は，業務環境の変動性とそれがパフォーマンスや安全に及ぼす影響について認識している．そのため，これらの組織では，望ましくない状態やアウトカム[*1]を避けるために，この変動を取り扱う方策を積極的に探究している．リスクマネジメントにもとづく伝統的なアプローチでは，特定の変動性を予見し，測定し，多くの場合変動性を低減することを目的とした仕組みを構築することを目指している．

そのようなアプローチは，着目されているシステムの内部に基礎的な適応能力を組み込むことによって望ましい結果を示しているが，強い仮定にもとづいているため，混乱状態をマネジメントする場合にはシステムが非効率になってしまう．典型的には

---

*1 outcome は「成果」と訳される場合もあるが，ここでは「望ましくない outcome」という表記もあるのでカタカナにした．

このような方策は，さまざまな変動性に関する自分の知識を過大評価しており（世界の過剰単純化モデル），サプライズを伴う事象が起これば機能を停止してしまう．レジリエンスエンジニアリングはこれとは別のやり方である．特定の事象群を予見する代わりに世界は変動していて，その変動はいつも事前に知らされてはおらず，時にはサプライズであると仮定する．

　結果として，レジリエンスエンジニアリングは，その世界で生じる既知および未知の変動に直面したときのシステムの適応能力を支援する仕組み（mechanism）を記述し設計することを目指す．ここで，この仕組みは，変動性を検出し，その変動性が有するサプライズにつながる性質や範囲を理解し，それを効果的にマネジメントするためシステムを再構成することを可能にするものである．すでに出来上がっている高信頼性組織やレジリエントシステムの特性は詳細に記述されてはいるが，あるシステムに対して意図をもってレジリエンスを組み込む（engineering）方法は未知である[*2]．

　ここで疑問が生じる．レジリエンスをサポートするためにはどのような変更が必要なのであろうか，またより伝統的なリスクマネジメント文化を有している組織にレジリエンスエンジニアリングの原則を持ち込むにはどのような介入を行えば良いのであろうか．

　本章では，これらの問題点に関する筆者らの経験を示し，設備保全の分野における具体的な介入事例を通じてこれらの経験を説明することを目的とする．

10.2 　基本原則

（1）　レジリエンスと脆弱性

　レジリエンスとは，対象とする組織が，変化や外乱の生起前，途中，収束後においてその機能を調整して，想定内ならびに想定外の条件下でも要求される動作を継続できることを可能にする固有の能力である（Hollnagel, 2012）．レジリエントシステムは，変化に直面したときには機敏であり，予見していなかった要求に対処するためのバッファー（行動の余裕）を有していて，それによって望ましくない事象の影響を回避するか最小にするための状況をつくり出す．すなわち，このようなシステムは自分自身の複雑さを理解しているし，マネジメントできるのである．これに対して脆弱なシステ

---

　*2　レジリエント性を備えたシステムの性質は知られているとしても，そのような性質を組み込む方策は自明ではない．この指摘は現実問題を扱ううえで重要である．

ムは，警戒すべき情報を認識できず，適切な時点までに行動を調整して機能停止を防ぐことができない．つまり（複雑なシステムの特徴である）密結合を見逃してその犠牲になってしまう．それらは標準的な小さい変動性の範囲での保全について設計されたシステムを有しているかも知れないが，変動の捉え方は形式的なものである（標準的な事象などは起こるものではない）．

脆弱性とレジリエンスは同じコインの表裏である．脅威が存在するところには対応する好機が存在する．ある組織またはシステムが脆弱であれば，そこにはレジリエンスを向上させる余地がある．脆弱性とレジリエンスはシステムの特性であってアウトカムではない（Cook, 2012）．脆弱なシステムで良好なアウトカムを得ることもあれば，レジリエントなシステムで望ましくないアウトカムを得ることもある．ただし，望ましいアウトカムを得る可能性はレジリエントシステムのほうが大きい．以下の引用を参照されたい．「レジリエンスエンジニアリングにおいて…，課題は経験的エビデンスにもとづいてシステムの適応能力を制御またはマネジメントすることである」，「レジリエンス制御を実現するためには…システムは，それがどの程度良好に適応したか，何に対して適応したか，環境の中で何が変化しているのか，などについて振り返る能力をもたねばならない」，「マネージャーは，レジリエンスを向上させるためのリソースをどのように投入すべきか知るためには，システムがどのようにレジリエントかまたは脆弱かについての知識を必要とする」（Woods, 2006；Hollnagel, 2009）．「システムのレジリエンスおよび脆弱性は，そのシステムが動作する境界条件を脅かすような事象をどの程度上手に対処できるかを捉えている」（Woods & Branlat, 2011）．

（2） 変動性と複雑性のマネジメントのためのレジリエンス

複雑適応系（Complex Adaptive Systems）として稼働しているシステムが，正常でない状況が生じたときにレジリエントであるためには，すなわち突然の変化に対して十分なレベルの安全性とパフォーマンスを維持できるためには，適応能力を必要とする．だが適応プロセスは失敗することもある．システムは新しい動作のあり方を要求するような条件下では適応に失敗するかもしれないし，また適応それ自体が望ましくない結果を生み出しうる．機能の相互干渉が適切なマネジメントなしになされる場合，そのようなことが特に起こりやすい．これらの困難な課題は適応システムが失敗する3つの基本パターンとして一般化されている（Woods & Branlat, 2011）．3つの基本パターンは以下のとおりである．

① 補償不全：システムに外乱や危険が継続的に生じるなかで，適応する能力を

使い果たしているときに生じる．このパターンは，システムが外乱に対処する
ために適切なタイミングで新しい動作モードに移行できない場合に対応してい
る．

② 食い違う目的の下での活動：システムの働きが，局所的には適応しているが
大域的には不適応さを示すときに生じる．このパターンはシステム内部の協調
失敗の結果で，機能的干渉マネジメントの失敗に対応している．検出されない
ままの相互干渉が外乱からの事故発生を通じて明らかになった場合に問題点が
明らかになる．

③ 状況に合わない行動への固執：システムが過去の経験に過剰に依存するとき
に生じる．このパターンは組織がそのモデルや計画を適切に改訂できなかった
場合に生じる．その原因は多くの場合，組織が経験する外乱を過剰に単純化す
るか無視することにある．

これらの失敗パターンは，ある組織が望ましくない事象を処理するのに失敗する道
筋を提示しており，（逆にいえば）変化する環境下で組織が複雑さをより良くマネジメ
ントするようにシステムを変換する方策を示唆している．レジリエンス向上の方法は，
その方法が補償すべき失敗パターンの性質から導かれる．

対応する改良の内容は以下を含んでいる．①リソースのマネジメント，例えば戦術
的な予備力を用意しそれを投入する条件を明らかにしておく．②システム内での協調，
例えば機能の相互依存性を調査し，適切に支援する．③メカニズムについて学習する，
例えばインシデント調査の基盤をなすモデルを（適切に）変更する．

（3） レジリエンスと伝統的リスクアセスメントの比較

伝統的リスクアセスメントの典型的なやり方は，リスク同定（具体的かつ詳細に），
リスク分析（質的評価，定量評価，順位付け），高レベルのリスクに対する特定の対処
策の設計，などを含んでいる．リスクアセスメントは通常，悪化しうること（things
that can go wrong）の抑止に力点を置く．

レジリエンスエンジニアリングは，事がうまく行くことを確実にする（ensure
things go right）ための設計を含み，予測よりも備えの良さを重視する．大局的な描
像と不確実さについて配慮がなされる．また，対処策は特殊性よりも一般性を重視し，
以下を含む．

- 不確実さと結果の広がりを制約：生じうる失敗を分析する際には，システムの
特性を考慮する，リソースについての基本的制約を理解する，起こりうるアウ

トカムの大局的な描像を示す，広範な起こりうること全体についておおむね良好である結果を探求する（Taleb, 2010）．

- 一般的対応の設計：正および負の不測の事態に対する対応策を区別する，好機を（的確に）捉える，予測ではなく備えに注力する（Taleb, 2010）．変動は不可避なのだから，それを考慮して構造を決めて計画をつくる方法を探求する，広範な状況に適合する汎用性のある対処法を設計する[*3]（詳細だが局所的な条件に焦点を当てるな）．

不確実さ（uncertainty）は知識が不十分である状態として定義される．このときには現在の状態や未来のアウトカムを正確に記述することはできない．それは測定不能なリスクで，われわれが知らないこと，つまり，曖昧さ（ambiguity）と変動性を含んでいる．プロジェクトマネジメントにおいては，De Meyer によれば4つの種類の不確実さがあるとされている（De Meyer 他, 2002, pp. 61-62）．

- 変動：特定の活動における値の広がり．
- 予知された不確実さ：同定可能で影響が理解されているが，チームはそれが起きるか否か確信がない．
- 予知されていない不確実さ[*4]：計画段階で同定できず，チームはその事象の生起可能性に気づかないか起こりえないと考えている．"unknown unknowns"と呼ばれる．
- カオス：計画の基本構造すら未知．常に変化，繰り返し，進化があり，最終結果は元の意図とは完全に異なってくる．

リスクアセスメントにおける傾向として，未来は実際よりも正確に予測できるように活動がなされる．例えば確率が高い精度（granularity）で評価される場合がそれにあたる．リスクアセスメントでは不確実さは無視されることもある．これは部分的には人間の精神的気質に起因している．既往研究によれば人間はリスクよりも不確実さを嫌っている（Platt & Huettel, 2008, pp. 398-403）．レジリエンスが高いとは，不確

[*3] 例えば原子力発電所では電源と水源を確保することが，安全上汎用性のある対処法である．

[*4] 決定理論へのよくある批判として，確率の固定的な宇宙観にもとづいているという批判がある．「既知の未知（known unknowns）」は考慮しているが，「未知の未知（unknown unknowns）」は考慮していないということである．それは予測可能な範囲の変化に着目しており，予測不能な事象は考慮できない．実際には予測できない事象のほうが影響が大きく，考慮しておくべきことだという主張がある（Taleb のブラックスワン理論など）．つまり，決定理論では不測の事態はモデルの範囲外だ，ということになる．このような主張を ludic fallacy と呼び，実世界をモデル化する際には不可避の不完全さがあり，モデルに絶対的に依存するとその限界に気づけなくなるとする．

実さに備えがあるということであり，予期していなかったことに対してもロバストに対処できるということである．

10.3 脆弱性が起こっていることを観測する

脆弱性とレジリエンスに気づくことは，学習できるスキルである．このスキルを得る一つのアプローチは，研究グループを立ち上げて以下のような研究をすることである．文献を通じて原則を理解し，日常の業務におけるレジリエンスと脆弱性のパターンと特徴を観測し認識し，さらにさまざまな状況や局面における観測結果について討論する．

長期にわたって，人々が脆弱性とレジリエンスに気づくスキルを養ってきた手法としては，応答法（reciprocation）（会話），再帰（recurrence）（繰り返しの会話と観察），漸近（recursion）（知識が構築されるに伴い理解を深めるための繰り返し観察）などが用いられている．

Weick と Sutcliffe によれば，組織は次のような場合に脆弱性をもつ（Weick 他，2001）．

- 予備力を少ししか（または全然）もたない．
- 些細な失敗には注意を払わないか否定する．
- 仮定や細かい判断ミスをする．
- 単純な診断結果を受け入れ，疑問をもたない．
- 現場第一線の作業員の行動を当たり前だと思う．
- エキスパートよりも上位者の意見に従う．
- 大混乱時にも通常と同じ働き方をする．

表 10.1 は，複雑で変化の多い産業現場での保全作業の場を対象として，さらに追加し拡張した脆弱性の兆候を示す．3種類の適合不全パターン（1：補償不全，2：食い違う目的の下での活動，3：状況に合わない行動への固執）との対応関係は括弧内の数字で示している．

10.4 レジリエンスエンジニアリングの原則を実装

以下では，レジリエンスエンジニアリングの原則を組織に導入して，組織レジリエンスを向上させる方策を見出すためのワークショップの構成と内容について述べる．

第 10 章　脆弱性を認識したレジリエンスの設計　　*137*

表 10.1　影響している脆弱性の観察結果

兆候タイプ	観察結果の例
バッファーまたは予備力	危機的な事象系列に対してバッファーや緊急計画不在(1)
	重要で特殊なリソース(スキルのある人間や単一ツール)の存在, 調達に時間がかかる場合は, より脆弱(1)
	一般的な単一障害点の存在, (鍵となる業務またはリソースが単一の売り手に依存), 特に単一障害点によって一系列の活動が影響を受ける場合(1, 3)
	鍵となる人間の過剰労働(燃え尽き)(2)
剛性・硬直性・柔軟性の欠如	特定の業務に特化した, 高度に熟練した実務担当者からなる構造が決まったチーム(余剰人員がいない一方で多能性が必要な業務が対象の場合)(1, 2, 3)
情報と知識	どのリソースが決定的に重要かを知らない. 重要なリソース(人員, ツール, 資材, 補給品ほか)について要求が変化しうるのに余裕がない. 決定的に重要なリソースとは, クリティカルパスの業務が依存しているもの.
	リーダーが大局的な全体像を有していない(2)
	リーダー役が時々刻々変化する状況に関する情報を得る能力に欠けている(1, 2)
	変化(大小)が大局的な全体像や計画に及ぼす影響に関する知識不足(2, 3)
	システムダウン(制御の喪失)に至るまでコミュニケーションの頻度も時期も不適(1, 2)
変動性と不確実性	どこに不確実性があるかについて検討も計画もしない(3)
	依存性と干渉について理解しない(同一リソースへの競合)(2, 3)
	根拠に欠ける, またはありえない仮定をしている(3)
	変動性の制約に関する検討不足(最尤シナリオと最悪シナリオ)(3)
	重要なプロセス, 供給者, 不確実性などの1度目と2度目の使用に際し, 経験や歴史的知見を得ないまま行う(3)
計画	降伏点(制御喪失の開始)と失敗点に関する監視計画の不在(1)
	破滅的状態につながるリスクについての探究や計画の不在 (技術的課題)(1, 3)
	リソース配備の遅れ(計画や準備の時間的余裕なし)(1)
	大局的視点からの, または複数の組織やチームからの支援を必要とするプロジェクトの集合についての協調不在(リソース共有計画モデルの不在)(1, 2)
	生起可能性があり破滅的な影響をもちうる事象の生起が, 過去に知られているが計画に含まれていない(3)
	破滅的事象や問題点が大局的状況に影響を及ぼすタイミングについての考慮不在(早い時期に生起してプロジェクトの川下側

表 10.1　つづき

兆候タイプ	観察結果の例
計画	に悪影響を与えるのはどのような事象か？　早い段階で破滅的になるリスクがあるのはどの部位か？　などへの配慮不足)(2, 3) リソース要求の急激な変化がある場合において，計画やマネジメントは変わらず，システム動作は通常状態と同じまま継続(3) "もぐら叩き(fire fighting)的対応"への行き過ぎた依存．最終段階で対処が間に合わないほど大幅な方針変更(最初の段階での計画挫折，チームは当初だけ協調し間もなく分裂．計画やチーム設計段階では分裂への配慮欠落．分裂を最小に抑止するための計画は不在)(1, 2)

一般的なガイドラインを提示することを目的としている本節の記述は，リスクが高い，または結果が重大なものとなりうる産業分野におけるレジリエンスエンジニアリングの原則を導入する試みの実施経験にもとづいている．実施されたワークショップの主題の一つ(そして本節で示している事例)は，作業負荷や生産要求が，用意されているリソースの能力範囲を超える可能性があるような状況のマネジメントである．そのような焦点の当て方は，操作的にはさまざまな産業分野に関係しており，レジリエントな制御をどのようにして設計するかという重要な疑問と共通している(Woods & Branlat, 2010)．その設計方策は，レジリエンスを強化するための以下の特性にもとづいている(Woods, 2006, p. 23)．

- バッファー(緩衝要素)能力：システムが崩壊することなく混乱を吸収できる能力．
- 柔軟性(flexibility)対剛性(stiffness)：変化に応じて構造を再構成する能力．
- 余裕(mergin)：システムが動作境界にどれほど近くまで接近して動作しているか(余裕がない，もしくは少ない動作は不安定である)．
- 許容性(tolerance)：動作境界近接時のシステムの挙動．穏やかな劣化(graceful degradation)か，機能停止か．

（1）　ワークショップの参加者

このワークショップの最終的な目的は，参加者の実務経験にてこ入れして彼ら自身の組織の脆弱性とレジリエンスを診断すること，さらにレジリエンスを高めるための望ましい方向を見出すことである．このような協働作業を通じて問題解決を図るタス

クにおける一般的方策は，少数の高い能力者によってではなく多様性を通じて成功を生み出すことである(Hong & Page, 2004)．具体的には以下のように考えられる．

- 領域横断的な表現をとることで，対象の見方の多様性と，それに関連した関心のスペクトルの豊かさを得よ．
- 運転，エンジニアリング，マーケティング，プロジェクトマネージャー，（部品，人員，ツールなどの）リソース計画者，その他プロジェクトに関係するか影響する人々を考慮せよ．

このワークショップの最重要構成要素はファシリテーターである．レジリエンスの設計を支援するためには，会話は，できればシステム運用の経験を有しており，かつ脆弱性とレジリエンスを検知するスキルを有する人間によって導かれることが必要である．このワークショップは構造化されてはいるが，そのようなワークショップを実施することは，単に段階的に何かを進めるよりもはるかに複雑である．ファシリテーターがリスク，不確実さ，脆弱性などを認識し検知する能力を有していることが，決定的に重要な要件である．

（2） 参加者が脆弱性を検知することを支援する

ワークショップの進め方としては，まずレジリエンスエンジニアリングを紹介し，次いで現在の状況や現行の計画の全体把握を行い，重要な問題や懸念を明らかにする，という手順が推奨される．問題や懸念が明らかにされたならば，その段階でのファシリテーターの役割はそのグループにとって脆弱性がある問題領域を明らかにして記録することである．この作業が，HRO原則とレジリエントシステムの特性にもとづいて設計された質問集を用いて脆弱性のより深い診断を行うための基盤を形成する．質問の例については表10.2を参照されたい．計画に含まれる仮定は，脆弱性を発見するための貴重な原材料(fodder)である．それらの中にサプライズにつながる事象(likely surprise)が見つかるはずである．脆弱性の診断は以下の事項に関する質問と探究を含んでいる．

- 境界領域ならびに動作が劣化する領域（余裕・降伏点・崩壊点）
- 計画に影響しうる特定のプロジェクト
- 変動，曖昧さ，仮定などの存在する領域
- 境界，制約，重要なリソース，交替要員，その他の制約条件
- 修正されるべき，または未だなされていない重要な決定事項
- 多段階的に起こりうる状況に際して生じるリスク要因の干渉

表10.2　ワークショップでの質問例

情報が不足しているのはどこか，プロジェクト，手順，計画のどの定義が不十分か（不確実さの原因はどれか）？

重要な決定で未了なものはあるか？

どのような仮定を設けているか？

リスクや不確実さを増やしている新規，斬新，異質な要因は？

上記の要因のどれが，失敗を起こしやすくする方向で変化したか？

動作または保全の履歴に由来する不確実さはどこにあるか？

あなた自身が不安を覚えることはあるか？

あなたが業務を実行する能力を制約している要素は何か？

システムを「拡張」または「ストレス増加」させる要因はなにか？　最も負荷またはストレスを受けているのは誰か？

小規模な故障（失敗）のどのような組合せが大問題を起こすか？

ストレス要因除去のため追加の能力導入が容易なのはどこか？

ストレスや負荷を救済，軽減，中和，除去するには，何を現場に導入することができるか？

別の管理または支援を行うべき時間帯（例えば負荷ピークの時期）はあるか？　その場合のトリガー事象は何か？

どの支援組織が前線のニーズに特に敏感であるべきで，それを実現するための計画は何か？

　重要なリスク，不確実さ，そして安全が問題になるシナリオが洗い出されたら，それらを詳細に吟味して，対処できるように制約条件を導入しなければならない．どのプロジェクトが，または厳密にどの業務が問題になるかといった詳細は重要ではない．一般にどのタイミング（general timing）で，どの業務が生じてくれば，一般に大きな影響が生じるかを知ることが重要である．プロジェクトの途中で人員を移動させるなどの外乱を減らすための，柔軟で一般性のある対処法を設計するにはそれで十分であろう．

　リスクプロファイルの変化をプロアクティブに検知するための探索（probing）方策をピング[*5]と定義する（Lay, 2011）．「ピング計画」は別の行動に移行することを促すトリガーを同定し監視を支援する．この計画は，降伏点（ものごとがばらばらになり始める段階），崩壊点（何かが消費し尽くされる時期），余裕（システムの現在状態と崩壊点の距離）の同定を含んでいる．ピング計画を設計するための叩き台と，リスクレ

　[*5]　ピング（原書では pinging）とは，元々は潜水艦がアクティブソナー信号を発出すること．ここでは，対象の状態を知るための調査を実施することを意味する．表10.3を参照していえば，スケジュールの延期程度がどの程度か，顧客との関係はどうか，などを調べることが，ピング行為である．

第 10 章　脆弱性を認識したレジリエンスの設計　**141**

表 10.3　ピング設計のための叩き台と，リスク増大を示す指標

リスクレベル指標	グリーン	イエロー	レッド
リスク拡大倍率 X	X1	X2	X3
調査結果からの知見	記述 1	記述 2	記述 3
スケジュールの延期程度	0 日	1〜2 日	3 日以上
顧客との関係	チームとしての活動，コミュニケーション良	緊張関係，時にコミュニケーション失敗	相克的，信頼不足，コミュニケーション劣悪
チームが同時に扱っている重要な課題の数	2 未満	2〜3	4 以上
人的リソースの状態	定員は充足，多くは休息十分，人員変更なし	1〜2 名分は定員を未充足，若干名は疲労気味，プロジェクト遂行中に1〜2名の入れ替え	定員未充足数は 3 以上，多数が疲労状態，変更が目立つ，人員入れ替え 3 名以上，重要機能が不在または遅延

ベルが増大していることを示す指標の例を表 10.3 に示す.

10.5 ┃ レジリエンスを強化するための設計

　Hollnagel (2012) によれば，レジリエントな組織は，歴史から学ぶ，柔軟かつ実効的に日常的または非日常的状況に対処（適応）する[6]，短期的な脅威と好機を監視する，リスクモデルを改訂する，中長期的な脅威と好機を予見する，などの機能を有する．限界，またはそれに近い状態の人的リソース容量に関する戦略と戦術は以下のように共有される．それらはテーマに応じて表形式でグループ化される．これらの表は，対処策そのものではなく，考慮対象である状況の特性に応じて調整されるべきガイドラインを与えている．特定の戦略がどのように設計されるかの詳細を以下に示す．それらは産業装置保全の分野での経験にもとづくものである．

---

*6　ここでは respond の同義語として adapt を採用している.

10.6 | 対処(適応)する

表 10.4 に示されている戦略は，前節で記した適応型対処策の第一のパターンに特に関連している．それらの戦略は事象に対するタイムリーな対処を重視している．Cook と Nemeth(2006)ではイスラエルの病院が類似した戦略を採用することで，多数の犠牲者が出た事態のマネジメントに成功した例を示している．

表 10.4 対処(適応)型対処策の戦略

戦略のタイプ	実　例
投入されたリソースのマネジメント(緊急時の人的マネジメント)	目標や役割をシフトし，重要なリソースには重要な業務だけをさせよ．経験不足の人員には複雑さの少ない業務だけをさせよ．必要ならより多くの監督者とエキスパートであるコーチを配備せよ．監督者を配備するか業務をさせるか判断せよ．
	例えば，ロジスティックス担当者に部品，人員，ツールを管理させるようにバッファーを追加せよ．複数の作業視点や考慮点が発生するプロジェクトについては特にそうせよ．プロジェクトマネージャーが，担当業務のマネジメントに集中できるように外注その他の支援を提供せよ．または，ヒューマンパフォーマンス，リスク，安全，品質などの専門家に，追加的チェックや外部的視点の提供をさせよ．
追加のリソース提供	「エキスパートを投入せよ」．この概念は，直面する問題に深い知識をもつ人間(退職者でも可)を見出し，状況を吟味するための短期的な任務のための経費を提供し，援助が必要なグループに配備することを含んでいる．当該エキスパートと援助が必要なグループはどの業務についてエキスパートが最も助けになるかを決定する．
	危機対応グループ(典型的にはマネージャーレベル人材からなる)を立ち上げ，より高度な協調と支援を可能にせよ．
	チームメンバーを決定する際には，なされるべき意思決定と，障害を除去して解決法を促進する際に必要な能力を考慮せよ．このチームは，リーダーの現場第一線へのつながりを強化し，プロジェクトマネージャーたちが問題点を経営層の関心対象とするための討論場を形成する．このチームは必要に応じて人員を投入したり削減したりする権限を与えられればより高い実効性をもつことになりうる．
	プロフェッショナルをメンバーとする専任の事態即応チームを構築せよ．リスクと問題点が増大するに伴い，このチームはバリアを除去し，解決策を導入するためにフルタイムで働くよう要請されることもある．組織横断型のグループをつくることで，協働作業が改善するし，ストレスが高い期間に生じ

第 10 章　脆弱性を認識したレジリエンスの設計　　**143**

表 10.4　つづき

戦略のタイプ	実　　例
追加のリソース提供	る政治的な緊張（対立）を解消するための中立的な立ち位置を保つことができる．このグループの重要な仕事は，現場第一線の活動を遅延させる可能性を有する問題点を積極的に指摘することである． Human Performance Tools＊をもっと活用せよ．現在は使われていないツールのどれが利用できるか，またどうすればツールをもっと効果的に使えるか（ピアチェックのための確定した計画など）を検討せよ．
優先度のマネジメント	人々のストレス因子（stressor）を除くことで，能力の制約を調整せよ． （不要な）業務を省け：必要なことだけ行い，不要な業務や書類仕事は除け． 負荷を低減せよ：業務を他者に移すか断れ． 人間が限界（疲労，ストレスなど）に近づくとどのように反応するか配慮して別のマネジメントを行え．彼らは忘れやすく，不注意になり物事に失敗しがちになる．

＊ Human Performance Tools の例は，業務前または後のブリーフィング，手順書，3way 会話，フォネティック・アルファベット（A をアルファ，B をブラボー，C をチャーリーなどと発話する方式）などが含まれる．Tool という表現から感じるものよりも幅が広い概念である．

10.7 ┃ 監 視 す る

　表 10.5 に示されている戦略は，組織が自分たちの状態をどのようにアセスメントし理解しているかに関連している．これらの戦略は，前節に述べた第 2，第 3 のパターンについて，システム内での協調の改善（情報共有の一つのやり方），ならびに想像された状況と実際に経験された状況のギャップをつなぐことを目的としたメカニズムを通じてのやり方に言及したものである．

表 10.5　監視方策の戦略

戦略のタイプ	実　　例
センスメーキングのプロセスを支援する	誰かが通常の役割から一歩身を引いて，より広い視野を得るようにせよ． 協調と支援のレベルを高めよ．できれば参加者たちと日々の情報共有を行うこと． コミュニケーションは，クロスチェックできるように十分な背景情報を含むことを確認せよ． 全体的に問題処理するよりも，順序系列的に処理するという傾向を避けよ．

表 10.5 つづき

戦略のタイプ	実　　例
振り返り過程を支援する	降伏点がどこかを知っていること(配備についている人員の何%が持続可能か?) 雰囲気や状況が変化した兆候を探せ. いったん立ち止まって大局的な状況を確認せよ. 例えば, ダムの水位が上昇しているとしたら, 決壊しそうな場所はどこか, 決壊危険箇所を強化せよ. 事態が悪化しそうな場所について大局的に把握せよ. どこで決壊が起こっているかを見出し, 他の決壊場所はどこになりそうか討議せよ. 現場第一線の人々に決壊, 懸念, 現在の能力などについて照会せよ. 以下について問い合わせよ. 持ちこたえられない場所にいるのは誰か?　能力強化, ストレス因子除去, 能力解放のために必要なリソースや援助は何か?　彼らの実行能力に影響を与え, 妨害しているものは何か?　今の状況を改善するために何がなされるべきか?　作業員たちの負荷を除き状況を改善するために何がなされるべきか? 彼らを夜間も覚醒させているのは何か? 脆弱性の兆候(不完全または不明確な情報や状態, 作業者が現場第一線と適切にはつながっていない孤立状態, コミュニケーション問題, 仮定の正しさ, 代役がいない重要な人間など)を探査せよ.

10.8 予見する

表 10.6 の戦略は監視と対処のプロセスを支援するためのものである. それらは長期的な学習プロセスに対応しており, 過去にレジリエントな動作が妨げられた経験につながる条件への対処法になっている[7].

表 10.6　予見方策の戦略

戦略のタイプ	実　　例
知識のギャップとニーズを予見する	必要になる前に「深さ」を実践し構築せよ*. 多能作業者を養成せよ. 例えば, バックオフィスの人々を訓練して現場第一線の実務担当者の負荷を軽減し, 支援するためのさまざまな役割を担わ

---

[7]　予見と長期学習が, 対処と監視に関連づけられている.

第 10 章　脆弱性を認識したレジリエンスの設計　　**145**

表 10.6　つづき

戦略のタイプ	実　　例
知識のギャップとニーズを予見する	せよ．そのようなチームをつくるには，さまざまな経歴の人々を，スキルを維持するために繰り返し現場第一線で働くことを理解させたうえで採用するという戦略がある．繁忙期以外には彼らは他のさまざまな支援の役割を担う．
リソースのギャップとニーズを予見する	人々と彼らの能力を失う可能性について予見せよ． 必要となる前にバッファーの容量を増強し，予備力となる人員を確保せよ． 再構成できるチームを設計せよ．それを実現するためには，ニーズに応じてより小さな構成員に分割できる多人数のチーム(1チームで1直を担うことも，半分のチームで2直を担うこともできる)をつくれ． 計画された業務について，緊急業務発生時の外乱低減用戦術的予備員を事前に指定せよ．戦術的予備員は適切な経験をもつバックオフィス要員でもよい．彼らを(準備する時間を与えたうえで)最繁忙時には計画された(定型的)業務に配備せよ．それにより変動する状況もうまく処理できる，より先端的スキルをもった能力ある実務担当者を非定型的業務に対処させよ．

＊「深層防護での深さ」を指す．

10.9 結　　論

　相互作用と相互依存性について，一歩退いてシステム全体を見ながら探索することが，本ワークショップを通常のリスクアセスメントとは異なるものにしている．Hollnagel は「レジリエンスと脆弱性は構成要素中には存在せず…構成要素がどう適切に共同動作するかの所産である…システム動作のダイナミクスを，ボトムアップ的(構成要素的)視点ではなくトップダウンの視点から把握する試みを通じて理解されなければならない．」と述べている．

　彼は，システムの構成要素に焦点を当てる代わりに日常の実践や実務のあり方を改善することを目指すことを提案している．

　レジリエンスエンジニアリングと HRO の原則は複雑なものではなく，ワークショップのなかでは比較的速やかに学習できている．これらの原則は，実践行動の設計の基礎となる戦略(方略)を示唆している．最も難しい部分は，必ずしも新規ではない問題点に着眼しながら，従来とは異なった視点をもつことである．この作業を支援するためにはレジリエンスエンジニアリングと HRO の分野に詳しいファシリテーターが

欠かせない．Hollnagel（2012）によれば「レジリエンスをもつと，気づきのあり方が異なる」のであり，「問題の存在に気づこうとするシステムの意欲が，それらについて働きかけるシステムの能力につながる」（Westrum, 1993）のである．異なったものの見方を獲得し持ち続けることで，以前には見えなかったことが見え，ひとたび気づけばそれに働きかけねばならない．これがレジリエンスエンジニアリングの本当の中心的価値である．

編者からひと言

安全マネジメントの伝統的アプローチでは，世界が確率的であることを受け入れるだけでなく，確率計算を信頼できるという意味で世界が安定していることを想定している．レジリエンスエンジニアリングでは，世界は変化していて，その変化のあり方がいつも事前に知らされているわけではないという，別の見方をしている．ただし，この変化のあり方は統計的なものではなく，ある種の秩序に従っている．それゆえ，世界の変化に対応するシステムの適応能力を支援する方策を策定することが可能なのである．本章では，さまざまな異なるタイプの不確実性を認識することを出発点として，理論から実践につなげるやり方を示している．具体的には人々に，柔軟性をもち，しっかり備えができ，結果として脆弱性を回避するための方策が示されている．

第11章
レジリエントパフォーマンスのセンサー駆動型発見，グラウンド・ゼロでの瓦礫撤去事例

David Mendonça

概　要

　災害後の対処や復旧作業に関する数々の研究において広く示されてきたように，レジリエントな（もしくは，逆に脆弱な）パフォーマンスに関するデータを収集するために必要な計測手段が，必要な時，必要な場所に備えられていることは稀である．そのためこれらの作業を担うべき組織は，その作業の制御を試みるため，対象の環境中に多種多様な「センサー(sensors)」を配備する．ここで，センサーのデータをどのように収集し分析するかについての組織の決定内容は，レジリエントなパフォーマンス，より具体的には，そのパフォーマンスの背後にある意思決定プロセスを推測する視点を提供するものと見ることができる．

　本章では 2001 年の世界貿易センタービルへのテロ攻撃後，グラウンド・ゼロ（ニューヨーク市）で瓦礫撤去を行うために編成された臨時の大規模自治組織に関する事例研究を参照する．この研究の中心テーマは，複数の情報源からの不完全で曖昧な測定値でトライアンギュレート(triangulate)すること*1，そして，それら測定値のどのようなギャップが，レジリエンスを実現するうえでの人間の認知の役割を示してくれるかについて解釈を述べることである．この事例研究が対象とした業務は，対処行為が臨機応変的であるという意味でレジリエンスと深く関連している．事実，グラウンド・ゼロでの瓦礫撤去作業は歴史に類を見ないプロジェクトであったが，一切の重大インシデントが生じることなく進められた．本章ではさらに，臨時に設置された(ad hoc)センサーを多数有する環境下での，事象発生後のレジリエンス研究に関する結論を述べる．

---

　*1　トライアンギュレートとは，複数の理論，手法，リソースなどを使うことで結果の信頼性を高める方法を指す．

11.1 はじめに

災害後の現場データにもとづく研究は，複雑さや不確実性，リスク，緊急性といった特徴を有する状況下でのレジリエントなパフォーマンスを調査する貴重な機会を与える(Vidaillet, 2001)．しかし，災害に対する人間の対処についての文献，とりわけDombrowsky(2002)で詳細に述べられているように，災害時に適切な測定装置が適切な場所に配備されていることは滅多にない．事象生起前のデータと事象生起後のデータを比較できるような状況はさらに稀である．

ハザードへの対処に際してのレジリエントなパフォーマンスを調査する機会は昔から制約されてきた．その第一の理由は，人間を含むシステムでの事象発生前の状況を，大規模かつ連続的に観測するにはコストが高くつくためである．

第二の理由は，災害の結果，（世界貿易センタービルへのテロ攻撃の結果として，緊急オペレーションセンターで，またその後にニューヨーク市消防局指令所で起きたように）設置されているデータ収集装置が破壊されうるからである．

第三の理由は，災害の被害者が初期の対処者となった場合，もしくは臨時のコミュニケーションネットワークが形成された場合，対処のために投入された新たなプロセス，技術，人員については，使用中のどの装置でも測定できないことが多いからである．したがって，レジリエントなパフォーマンスをつくり込む(engineering)ための現実的な課題は，本質的には方法論的である．すなわち，組織論に関する理論家や設計者は，本質的にはデザイン不可能な「実験」のための測定装置をどのようにして開発し実装すべきなのだろうか．

ハザードに関する現代の研究は，過去10年にわたる，データの急増を含むデータ全体像の急激な変化に加えて，検証と妥当性確認(verification and validation)の課題にも取り組まなければならない(Dietze 他，刊行予定)．社会学分野での同様な研究(Murthy, 2008)では，社会的センサーと物理的センサー(Buchanan & Bryman, 2007；Weick, 1985)から生成された巨大な量のデータ(いわゆるビッグデータ(Savage & Burrows, 2009))に深く目を向けることの重要性を論じている．事実，この考え方は初期の大量観測研究[2](mass observation studies)(Simmel, 1903；Summerfield, 1985；Willcock, 1943)でも注目されていた．ただし，当時の人的センサーは現代では

---

*2 mass observation study は，多数の人間による報告や回答にもとづく社会科学的研究を指す.

技術的センサーによって大幅に置き換えられている．これら技術的な人工物はもちろん理論的に中立ではない．つまり，これらの情報源からのデータの収集や統合においては，（他のいかなる情報源についても同じであるが）プログラムされた測定に制約があることを認識しておくべきである（Borgman 他，2007）．

　したがって，ハザードにおけるレジリエントなパフォーマンスに関する研究は，現在も生成されつつある，膨大な量の人間中心のハザードデータを用いた研究アプローチにパラダイムシフトすることで，利益を得るであろうが，そのためにはマルチメソッドアプローチを採用することが必然になる．なお，どのようなマルチメソッド研究でも，その研究としての実効性は「各々のシングルメソッドの短所が，他のメソッドの長所によって補償されるという前提にもとづいている」（Jick, 1979）ことに注意すべきである．

11.2 研究のデザインと発展

（1） レジリエンスフレームワーク

　レジリエンスエンジニアリングの初期の研究では，レジリエンスにかかわると考えられる組織的要因を特定したうえで（Woods, 2006），組織がオペレーションの限界点に近づいた際の緩衝能力や柔軟性（適応能力と類似した概念）の重要性を強調している．応急的もしくは新しい組織においては，たとえ組織内の個人もしくはサブグループの能力が判明している，またはできる場合においても，運用経験がないために最初の2つの特徴（緩衝能力と柔軟性）のアセスメントが機能しないことも起こりうる．続く研究では，インシデントと平常時の仕事から学習すること（Saurin & Carim Júnior, 2011），そしてシステム的認識（Costella 他，2009；Hémond & Robert, 2012）の重要性を強調している．別途論じられている（Erol 他，2010；Madni & Jackson, 2009）ように，レジリエンスエンジニアリングが継続的に成熟するためには，上記の特徴や，レジリエンスに貢献すると思われる他の特徴を測定するためのツールや方法論の開発が必要である．例えば，Erol 他（2010）は企業の適応能力に関して，リカバリータイム（つまり「企業が混乱を克服し，正常状態に戻るために要する時間」）とリカバリーレベル（つまり「企業のオペレーションの状態」）を提案している．当然，企業がリカバリーの最終レベルに到達するまでの，リカバリーの道筋（つまり，リカバリーのための活動がどのように起きているか，例えば安定しているのか，偶発的なのか，または

150

周期的なのか)も関心の対象になっている.

これらレジリエンス評価の経験的な指標は，アンケート(Costella 他, 2009)や定性的な評価尺度(Hémond & Robert, 2012)といった主観的アセスメントから客観的尺度まで(Øien 他, 2010；Shirali 他, 2013)，多岐にわたっている．これらの研究の多くが有する際立った特徴は，複雑なシステムのダイナミクスを捉えることに重きを置くことである(Balchanos 他, 2012).

本章ではこれ以降，(複数の情報源から抜粋された)プロセスレベルのデータの活用機会とその限界について調査する目的でなされた事例研究からのデータを利用し，主に Woods(2006)によって明示された要因の測定に焦点を当てて組織レジリエンスに関して研究を進める．また，応急的な組織の構造を定めるに際しての実務的，理論的な困難さ，ならびに人々がレジリエンスを実現しようとする過程で行う適応的作業について検討する.

（2）　事例の背景

2001 年の世界貿易センタービルへのテロ攻撃後，役所と民間組織の構成員からなる組織が，グラウンド・ゼロ(ニューヨーク市のツインタワー直下および周辺地域)で瓦礫撤去活動を行うために編成された(Langewiesche, 2002)．初めのうちはあらゆる生存者を救出しようとするために，その後は遺体の発見・収容を目指して現場からの瓦礫撤去を開始するために，膨大な量の機材や人員が動員された．この事業を行うために新しい手順と新しい組織が必要なことは，すぐに明らかとなった(Langewiesche, 2002；Myers, 2003)．Langewiesche(2002)は「このような混沌とした環境に対して通常のルールや手順が適用不可能であることから，現場にいる作業者は自分自身で考えることが必要となったし，彼らはそのように行動できることを証明した」と述べている.

事件直後の状況下では，救助隊が生存者を探し(Langewiesche, 2002)，その夕方には自走式ショベルや瓦礫撤去用トラックの動員が始まった(図 11.1)．それから数日のうちに，自走式ショベルが通過するにはあまりに不安定な路床(subgrade)のエリアに，クレーンを安全に到着させる必要があることが明らかとなった．生存者の救出や，遺体の回収，瓦礫の撤去を支援するため，大型のクレーンが国内各所から持ち込まれた(Langewiesche, 2002)．クレーンは「小型の 320s クレーン(数分で普通の家屋の解体が可能)から，ニューヨークではめったに見ることのできない 1200s の巨大鉱業用までのさまざまなサイズが運ばれたが，後者は堆積物の上での多くの用途にとっ

第11章 レジリエントパフォーマンスのセンサー駆動型発見，グラウンド・ゼロでの瓦礫撤去事例　　*151*

図11.1　現場の概観

て不便であることが明らかになった」(Langewiesche, 2002). いったん，クレーンの位置が決まれば，その上にクレーンを設置するためのマットや荷敷き用鉄板が組み立てられた．ある状況では，クレーン走行用の傾斜路の建設が必要とされた.

現場の状況は，高重量機材の設置を困難にした．スラリー壁[*3]の保全性がタワーの崩壊により脅かされたことと，瓦礫撤去作業によって予期せぬストレスをかけうることが重大な懸念事項であった(Tamaro, 2002). 例えば，スラリー壁に隣接して高重量の機材を置くことが，「スラリー壁や残された現場の地下構造物の崩壊を起こし得たし，それが起こることは，隣接するハドソン川からの浸水を意味した」(Tamaro, 2002).

本研究の元々の目的は，①現場の作業許容量(システムの総積載，総運搬許容量)，②実際の現場の処理能力(積載，運搬トン数)，③実際のパフォーマンスと作業許容量を対応づける，組織，技術，プロセスレベル要因の特徴づけ，を行うことであった.
(後述する理由で)この目的は達成されなかったが，これら3つの評価軸に沿ってシステムを特徴づける試みは，組織のレジリエンスを事後評価するための見通しについての，Woodsのフレームワーク(Woods, 2006)を参照した議論につながっている.

本研究の着手時点(撤去作業がまだ進行している段階)から，瓦礫撤去(より正確に

[*3] スラリー壁は地中連続壁とも訳される．地上から地下の壁をあらかじめ構築するものであり，その機能として，土留め壁，止水壁が求められる．グラウンド・ゼロには当時のスラリー壁がモニュメントとして残されている.

は現場整理)という目的の達成と，現場安全の確保との間に根本的な対立があること
は明白であった．同時に，この対立をマネジメントするための組織構造ならびに実務
内容が明確にされる必要があった．したがって，以下に説明するように，組織および
実務の構造とその実施内容について文書化すること自体が進化的なものであったが，
このことは他の災害対応オペレーションにおいても見受けられる．エンジニアリング
の実践に合わせて，この「解体」の取組みにおける広範囲な記録が残された．一例を
挙げれば，時には最大20部のプリントアウトされた作業用図面が現場に届けられる
必要があった．一部の業務は文書管理サービス部門が支援している．瓦礫撤去作業の
完了後，短期間のうちに，多くの重要書類は一箇所に収納され，本章に示す研究の発
展を可能にすることとなった．

（3）　組織的な構造とプロセス

　進化を続ける多重組織的なシステムが，瓦礫の撤去作業を担っていた．ニューヨー
ク市設計・建設部(DDC)は，Turner, AMEC, Bovis, Tully の4つの建設会社が4つ
の作業区域(sector)において実際に現場の解体作業(demolition)を行う取組みを調整
した．ある組織は，機材の設置に際しての土建業者の支援，クレーンの支援システム
の設計，近隣の建物の損傷評価，損傷を受けた建物の安定化要件の明示といった，す
べての構造的な技術サービスを連続的に提供し，コーディネートすることに従事した．
　シフト内やシフト間での意思疎通や記録を支援するため，それぞれの作業区域を担
当する建設会社は，各々のシフト終了後，毎日，紙ベースでの手書き現場レポートを
作成した．当初は一つの作業区域につき一通のレポートが作成されたが，やがて一つ
のチームが複数の作業区域をカバーするようになった．各レポートでは，会議の日付，
作業区域(通常はチーム名がつけられる)，報告した技術者の名前を含む，標準的なヘ
ッダーが使われた．レポート本文にはたいてい箇条書きにされた多数の所見が含まれ
ており，作業の進捗状況や，次のシフトのために抱える問題点が報告された．所見の
例は「タワー2の西側正面について提案された解体計画を受け取り，検討した」のよ
うなものである．
　対処行動(ならびに組織の適応能力)に関する研究者の理解を深めるために，現場レ
ポートを用いて，瓦礫撤去の機材に関する意思決定や計画の事例が確認された．研究
チームのあるメンバーには，すべての会議録と指示文書が提供され，会議における論
点の内容は「決定」もしくは「計画」に関する記述として報告された．「決定に関す
る記述」とは，既に行われたリソースの配備に関する記述を指す．「計画に関する記

第11章　レジリエントパフォーマンスのセンサー駆動型発見，グラウンド・ゼロでの瓦礫撤去事例　　**153**

述」は，「目的の達成のために事前に検討された事業計画やプログラム，方法」あるいは「提案された，あるいは暫定的なプロジェクトまたは一連の行動」を意味している．このカテゴリーには例えば，「ある会社が機材を明日までに取り外すと述べた」といった判断も含んでいる．また，記録には作業の停止について，その停止の理由を含む報告や，稼働していない機材についての報告が含まれていた．

（4）　現場でのリスクと作業能力

　前述のとおり，現場を取り囲むスラリー壁の安定性は，撤去作業中の懸念事項であった．壁自体の上もしくは近くに設置されたクレーンがもたらす圧力，および壁の反対側の土壌がもたらす横方向の圧力は，スラリー壁の不安定性をもたらす可能性があった．スラリー壁のさまざまな場所での経時的な変位測定を通じて（Excel 形式の）生データが得られている．これらの「ショット*4」は，測定基準点(station)からスラリー壁の上もしくは付近のさまざまな対象点の間の変位を与えている．本研究の間に使用された測定基準点の数を**図11.2**に示す（例えば，Vessey 通り沿いでは 12 箇所を基準点としてショットが得られている）．ショットからの読み取り値はローリング方式で吟味された（技術者は，最新の読み取り値について，それに先立つ少数の読み取り値からの有意な逸脱の有無を吟味している）．逸脱が大きすぎる場合，センサー付近の区域の作業は中断され，さらなる点検が実行され，必要な補修作業が行われた．

　瓦礫撤去用大型機材（クレーン）の位置は，現場を調査する技術者によって記録され，現場平面図に注記として書き込まれた．そして，注記は AutoCAD 図面に入れられ，技術者が各々のクレーンの配置と最大可動域を見ることができるクレーンマップとして記録保管された．クレーンマップの例を**図11.3**に示す．ある新しい機材が現場へ導入されるか，もしくは現場から移動した場合，あるいはクレーンが現場周辺で移動した場合に，マップは更新された．これらのマップは，研究対象となった期間中，どのクレーンが現場に存在したのかを確かめ，それらクレーンのあらゆる動きを同定するために用いられた．クレーンの設置位置に関する経時的なデータは，AutoCAD 図面から半自動的な方法で得られている．

　しかし，現場の作業者へのインタビューからは，時間経過につれて大半の瓦礫撤去作業での使用機材は（クレーンではなく）他のタイプのものへ移行していったことが示唆されている．より軽量で機敏性にすぐれたグラップラ*5 のような機材が，次第に

---

　*4　光計測などで変位を測定しているから「ショット」という用語を用いていると推測される．

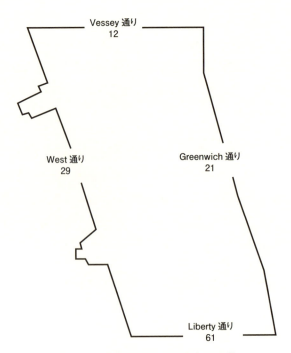

図 11.2　測定基準点の位置とその数

瓦礫撤去作業の多くを受け持つようになった．しかし，これらの機材については，クレーンと同等の記録を公式のプロジェクト記録内で見つけることはできなかった．現場における多数の写真(後にこれらの多くは書籍 *Aftermath* (Meyerowitz, 2006)に加えられた)を含む，個人のプライベートな記録が発見されるまで，他のさまざまな情報源が探索された．これらの写真の記録を利用してグラップラとダンプトラックの位置を特定するために，あるテンプレートが用意された．さらに，それぞれの写真画面におけるクレーンの数が記録された．このテンプレートの使用結果の例を**図 11.4**に示す．この図には，写真が示す風景，機材の総数，写真撮影の日時や任意のコメントが示されている．

(5) 組織的なパフォーマンス

現場責任者との協議を通じて，パフォーマンスの適切な測定量には，現場からの瓦礫の撤去量，回避された人的・経済的損失，遺体の回収件数などが含まれることが示

＊5　アタッチメント先端がハサミやくちばし状の小型重機．

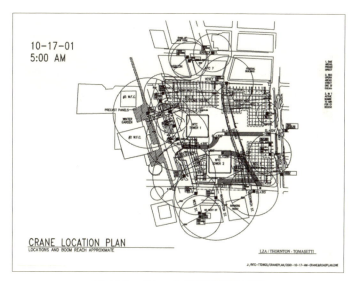

図 11.3　クレーン配置平面図の例

唆された．現場からの瓦礫の撤去量に関するデータは，日々の現場を離れる積載車両の台数や積載トン数を通じて得られた．これらのデータは当然ながら，はるかに細分化された(つまり，個々のトラックの積荷)レベルで収集されたが，そのままでは分析に利用できなかった．

回避された人的・経済的損失に関するデータ(例えば，ニアミスがそれに相当するかもしれないが)は直接的には収集されなかったが，現場ノートには作業停止として示唆的に記載されている．

最後に，遺体回収の効率に関するデータは，組織全体のパフォーマンスに影響するにもかかわらず，入手することができなかった．遺体の回収は，グラップラやクレーンによる初期段階の資材搬入と，瓦礫の最終埋立地への輸送の中間の段階でなされていた．瓦礫は，まずピックアップポイントに搬入され，現場の第二地点に運ばれ，手でふるいにかけることで遺体(の一部)の有無が調べられ，その後，ダンプトラックに積まれて現場から搬出されている．

11.3　所　　見

ここまでに議論したデータは，研究対象の事象に関する豊富な視点を提供する．しかし，それらは時間的にも，空間的にも異なる尺度から成り立っている．例えば，時

1. 写真番号	G147
2. 日　時	10/21/2001 day

3. ショット箇所とショットの視界

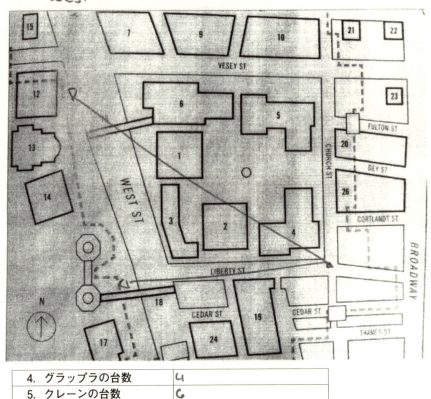

4. グラップラの台数	4
5. クレーンの台数	6
6. ダンプトラックの台数	1

7. コメント

ground smoky

8. 要処置事項

図 11.4　機材配置記録のための規定テンプレート

間的尺度は(スラリー壁の変位の場合)分単位から(クレーンマップの場合)日単位の範囲であった．空間的尺度は，数分の1インチからフィートの範囲であった．実際に，すべてのデータにおいて唯一共通であったのは，1日あるいは数日レベルの時間であ

第11章　レジリエントパフォーマンスのセンサー駆動型発見，グラウンド・ゼロでの瓦礫撤去事例　**157**

った．理解を助けるために，データは1日単位の尺度で示されている（以下の欠損デ
ータに関する考察を参照）．研究対象変数の最初の組合せを表11.1にまとめる．

これらの値の経時的な変化については，次の図11.5に示されている．第一，第二
の系列は，それぞれ1日当たりに現場から搬出された積載車両の台数や積載トン数と
いった，2つの主要なパフォーマンスの指標を示している．どちらの指標も，明らか
な傾向や周期がなく，研究期間中に大きな変動を示している．

第三の系列は，現場へ，現場から，もしくは現場内でのクレーンの移動回数の報告
値を示している．データは研究対象期間中のすべての日について得られているわけで
はないが，クレーンの移動が経時的に減少したことが見てとれる．この減少傾向は，
プロジェクトの存続期間が経つにつれクレーンの役割が減少してきたという参与者の
レポートとも整合している．この理由は，クレーンでは到達することができなかった
場所への（クレーンとは別種の）瓦礫撤去機材[*6]の移送量が増加したことや，瓦礫の
山へのアクセス道が構築されたことによる．

瓦礫撤去においてクレーンの貢献度が減少したことは，現場のクレーン台数を示す
第四の系列に反映されている．研究対象期間の初期のデータは多数のクレーンの存在
を示しているが，10月下旬までにその数は75％以上減少した．しかし，第五の系列
が示すように，現場に配備されたクレーンは活用されていた．すべてのクレーンは研

表11.1　選定された研究対象変数

系列	変　数	測　定	情報源
1	積載車両の台数	現場から撤去した瓦礫を積載したトラックの数	瓦礫レポート
2	トン数	現場から撤去した瓦礫のトン数	瓦礫レポート
3	クレーンの移動回数	クレーンの移動回数（現場へ，現場から，現場内のすべての移動が対象）	クレーンマップ
4	クレーンの台数	現場に設置されたクレーンの台数	クレーンマップ
5	稼働している機材の割合	クレーンの総数のうち，使用されているクレーンの割合	現場レポート
6	作業中断の回数	瓦礫撤去機材の使用中における，報告された作業中断の回数	現場レポート
7	決定事項数の割合	決定もしくは計画に関する記述の総数に対する，報告された（実行された）決定事項の割合	現場レポート

[*6]　グラップラのことを指している．

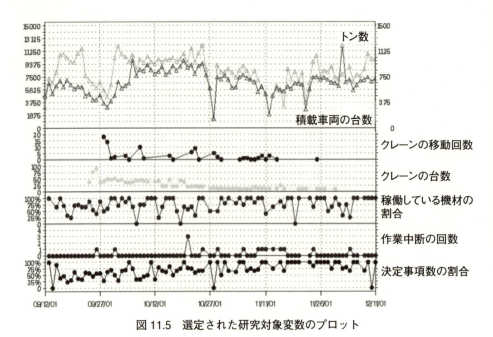

図 11.5 選定された研究対象変数のプロット

究対象期間中の多くの日において利用され，稼働割合が 25％以下に低下したのはごく一部の日においてだけであった．この期間のうち 30 日間の写真に適用されたコード化手順の結果を用いて，現場のグラップラとダンプトラックの台数を定める試みがなされた（その他の日程における現場写真は利用できなかった）．残念ながら，データが不十分なため，現場全体の映像をデータ化することはできなかった．

第五の系列（稼働機材の割合）の減少は，1 日当たりの作業中断数を表す第六の系列に時折反映されている．報告された作業中断は 10 月中旬までは稀であり，その後の期間ではおおよそ平均して 2 日に 1 回であった．対象者への非公式のインタビューによると，短期的な作業中断は，すべてが現場レポートに報告されていたわけではなかったようである．

最後に，第七の系列は，毎日の現場レポートに記されている決定もしくは計画に関する記述の総数に対する，報告された（実行された）決定事項の割合を示している．決定事項の割合が，時間の進行に伴って，比例的に増加していく傾向が全体として認められるという，若干の示唆が得られた．

前述のとおり，現場のリスクに関するいくつかの兆候は，スラリー壁での測定変位に関する調査からもたらされた．さまざまなタイプのセンサーが，スラリー壁の壁面

第11章 レジリエントパフォーマンスのセンサー駆動型発見，グラウンド・ゼロでの瓦礫撤去事例

上に設置された．プロジェクトの初期においては頻繁に，作業が進んだ段階では不規則に測定が行われた結果，スラリー壁が安定化されていたことが明らかになった．変位は垂直方向，およびコンパス上の東西・南北方向で測定された．すべての変位データが常時収集されたわけではないため，毎日のそれぞれの変位の値を示すことは不可能であった．しかしながら，研究対象期間における東西・南北および垂直方向の変位について，個別に考察することは可能であった．研究対象期間中の1日当たりの測定基準点の数を図11.6 に，1日当たりのショット数の合計を図11.7 に示した．両者をまとめると，これらの数字は測定パターンの大幅で経時的な変動を示している．例えば，初期においては，比較的少数の測定基準点から，比較的多数の測定値が得られた．時間が経つにつれて，1日当たりの測定基準点の数は増加したが，1日当たりの測定回数の平均数は，11月上旬以降，比較的一定のままであった．

車両台数で測定されるパフォーマンスには，周期性その他の時間的な傾向に関するエビデンスはなく，時間的におおむね一定であった．10月27日以降，全体的なパフォーマンスが低下したといういくつかの示唆が得られた．この低下のある部分は，現場から瓦礫を撤去することの困難さが増したためと思われる．プロジェクトの進展に伴って，より小容量の，より機敏性に富む機材がますます使用されるようになり，このような現場の機材の形態の変化は，組織が重機を利用する方法を再考することを促した．計画に関する記述に比べて意思決定の報告数が増加したことは，組織が時間の進展に伴ってその手順を確立していったことを示唆している．なお，観察された変位の60％以上は非ゼロ値であったことから，スラリー壁が崩壊するリスクはある程度のレベルで存在したといえる．

10月下旬には，報告された積荷とトン数の合計が劇的に低下するという明確な変

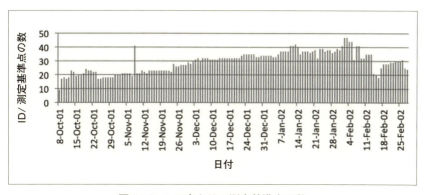

図11.6　1日当たりの測定基準点の数

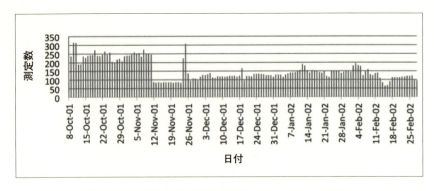

図 11.7　1日当たりの測定回数（すなわちショット数）

化が現れた．この変化は作業停止（第六の系列）の増加とおおむね一致した．第七の系列に示したように，それはまた，意思決定数の相対的低下（すなわち計画数の増加）に反映された．第七の系列は，（全体としては）計画に比べて報告された意思決定の頻度が徐々に増加していることを示している．この第七系列の変数は，意思決定を反映した記述の数を，その数と計画された活動を示した記述数の合計で割ることで計算された．言い換えれば，現場レポートには，計画の記述よりも意思決定の報告が増える傾向が認められている．なお，作業停止など，状況に影響する要因は，瓦礫撤去のための能力を低下させないように配慮して扱われていたようである．しかし，現場からの瓦礫の搬出量はかなり変動し，安定した増または減の傾向は見られなかった．

11.4　考察と結論

　グラウンド・ゼロからの瓦礫撤去を担当する組織は，はっきりと定義された（現場を完全に一掃するという）タスクに直面していたが，そのタスクは（規模と活動ペースの面で）目新しく，（特に現場への水の侵入に関連した危険や，瓦礫撤去機材の操作における事故についての）リスクを含んでいた．広い意味での「システム」というフレームワークからは，必然的に機会主義的（opportunistic）なデータ収集策が導かれた．
　（この作業の数年後に明らかにされた）レジリエンスエンジニアリングの指針というレンズを通してみると，この事例はWoods（2006）が明らかにしたフレームワークによるレジリエンス測定の展望[7]について多くの知見を与えると同時に，組織的レジ

＊7　前述の緩衝能力や柔軟性に着目するやり方．

第11章　レジリエントパフォーマンスのセンサー駆動型発見，グラウンド・ゼロでの瓦礫撤去事例　　**161**

リエンスの理論の検証に関する見通しも提供している．

　適用可能性を有するデータは複数の情報源の中に埋め込まれており，極めて多様な種類の測定機器によって抽出（および精選）される必要があったので，学際的な視点が必要であった．安全を損なうことなく現場の瓦礫を一掃するという組織の定まったゴールを考慮すると，システム的な見方が適切であると思われた．この見方は，範囲が広く，数々のコミットメントを伴い，さまざまな尺度による測定の必要性から，研究変数相互を実験的に関連づけする必要性などまでを含んでいた．

　生データについての見解を得るため，さまざまな分野の専門的知識が集約された．例えば，スラリー壁の変位に関するデータの解読や説明のために，プロジェクトにかかわる土木技術者との広範な協議が求められた．これに加えて，組織の意思決定に関する事前検討を通じて，会議録の定型的な作成のための機器の設計に関する情報が得られている[8]．

　この研究における本来の根本的な問題，すなわちどのように組織が瓦礫撤去の要求と安全とのバランスをとるかについては，ある意味で未回答である．本調査の経験は，このようなシステムレベルの問題は早期に提起され，関連するデータは初期段階から入力可能なかたちで準備されていなければならないことを強く示唆している．しかし，その点が不十分ではあったものの本調査からのデータは，組織がオペレーション想定範囲の限界に近づくにつれて，（特に組織の通常業務における）緩衝能力や柔軟性が担う役割を指し示す，いくつかのダイナミクスを明らかにしている．

　緩衝能力（リソースの需要に対する，利用可能で余裕のあるリソースの性質および限界）は，利用可能な積載機材（ここではクレーン）に対する組織のパフォーマンス（搬出された積載車両の台数や積載トン数）によって示される．この基本的ギャップの背後には，リソースの使用や計画に関連する意思決定プロセスが存在し，その意思決定内容は会議録やクレーン配置の記録に反映されている．より徹底した分析を通じて，とりわけ（例えばスラリー壁の動きに反映されるような）現場でのリスクに着目することを通じて，計画プロセスと実際の意思決定プロセスを関連づけることもできるかもしれない．

　ここでの重要な知見は，非閉鎖的で進化を続ける組織においては，組織のリソースおよび組織のパフォーマンス目標の両方が，共進化する可能性があるということである．したがって，緩衝能力のアセスメントに際しては，関連する事象全体にわたる意

---

　*8　システム的協働作業では，この種の配慮もよく行われるが，日本での例は少ない．

思決定プロセス（例えば，選択肢やリソース配分に関する議論を通じての状況のアセスメントから，現場からのフィードバックの処理方策に至るまで）をたどることができるようにダイナミックモデリング手法を積極的に取り入れるべきである（Butts, 2007）．

　ここまでの議論によって示唆されるように，組織的なレジリエンスに関する研究は，その組織が要求に応じることができる能力に比較して，実要求のアセスメント能力に大きく依存しており，また組織のリソースにかなりの負荷をもたらす要求に対する組織の許容限界を定める能力にも依存している．組織が創発的あるいは新規のものである場合*9，これらの能力の評価は，専門の観察者の意見にもとづいてなされても良いであろう．また，本研究は（適切な文書の分析を通じて調査可能な）計画のような意思決定に先立つプロセスが，組織の能力に対してどれだけの負荷をもたらしているのかについて理解を与えることを示唆している．前述の例について再度触れると，瓦礫撤去任務にクレーンを割り当てる標準的な手順は，他の機材（例えばグラップラ）などを用いる別な手順によって次第に置き換えられ，その結果より多くの積荷を搬出できるように組織の能力が拡張されていた．組織のパフォーマンスの限界は事前には知られていない可能性があるため，組織のメンバーが，作業が展開される際の"What-if（もし〜だったらどうなるか）"型質問について考えるにはシミュレーションのようなツールが使えよう．例えば，スラリー壁上のセンサーの読み取り値と，作業停止および／または搬出瓦礫の総量との関係性を説明する，リスクを含む選択モデルを想定することも可能であろう．

　災害に関連した組織のレジリエンスに関する研究は，しばしば配置がまばらで信頼性も低い記録をもとに対処行動を再現する調査タスクに直面する．「学習された教訓」を生み出そうとして，アンケートが頼みにされる場合も多いであろう．そのようなやり方と異なり本研究では，対処行動それ自体の中で生み出されたデータを利用して，個人や組織の対処行動を観察し，そしてこれらの観察からの知見をシステムレベルのフレームワークにはめ込むための方法が示唆されている．

　将来的には，分散型の情報技術（ネットワーク化された携帯情報端末など）が管理者および運用担当者に履歴データを示し，現場状態の予測に使われるような可能性が高い．このようなシステムの設計を既存のシステム設計と分ける重要な違いは，将来の設計においては情報に関する要件が事前に十分確実には知られていない可能性がある

---

　*9　過去のデータ蓄積がないため．

ということである.

　言い換えれば,意思決定を支援するための情報技術は,プロジェクトのニーズを満たすために,プロジェクト遂行中に再構成可能なものでなければならない.現場におけるセンサーの存在感が増しているため,プロジェクトを支援するための通信データとセンサーを統合するか否か,およびそれらをどのように統合するかといった問題が,次なる課題であろう.

謝　辞

　この研究の一部は米国国立科学財団 CMS-0301661 の助成を受けたものである.筆者はこの研究を支援していただいたさまざまな団体,特にニューヨーク市設計・建設部,Thornton Tomasetti, Inc., Mueser Rutledge Consulting Engineers, Inc., 米国連邦緊急事態管理庁,米国陸軍工兵司令部の協力に感謝する.研究への貴重な支援は Louis Calabrese, Qing Gu, Arthur Hendela, Yoandi Interian, Rani Kalaria, Jessica Ware によって提供された.

引 用 文 献

Balchanos, M., Y. Li, and D. Mavris. 2012. *Towards a Method for Assessing Resilience of Complex Dynamical Systems*. Paper to the *5th International Symposium on Resilient Control Systems (ISRCS)*, Salt Lake City, UT, 15-18 August.

Borgman, C. L., J. C. Wallis, and N. Enyedy. 2007. Little science confronts the data deluge : Habitat ecology, embedded sensor networks, and digital libraries. *International Journal on Digital Libraries*, 7(1), 17-30.

Buchanan, D. A. and A. Bryman. 2007. Contextualizing methods choice in organizational research. *Organizational Research Methods*, 10(3), 483-7, 89-501.

Butts, C. 2007. Responder communication networks in the world trade center disaster : Implications for modeling of communication within emergency settings. *The Journal of Mathematical Sociology*, 31(2), 121-47.

Committee on Disaster Research in the Social Sciences : Future Challenges and Opportunities. (2006). Facing Hazards and Disasters : Understanding Human Dimensions. Washington, DC : The National Academies Press.

Costella, M. F., T. A. Saurin, and L. B. de Macedo Guimarães. 2009. A method for assessing health and safety management systems from the resilience engineering perspective. *Safety Science*, 47(8), 1056-67.

Dietze, M. C., D. S. LeBauer, and R. Kooper. forthcoming. On improving the communication between models and data. *Plant, Cell & Environment,* forthcoming.

Dombrowsky, W. R. 2002. Methodological changes and challenges in disaster research : Electronic media and the globalization of data collection, in *Methods of Disaster Research,* edited by R. A. Stallings. Philadelphia, PA : Xlibris Corporation, 305–19.

Erol, O., D. Henry, B. Sauser, and M. Mansouri. 2010. *Perspectives on Measuring Enterprise Resilience.* Paper to the *IEEE Systems Conference,* San Diego, CA, 5–8 April.

Hémond, Y. and B. Robert. 2012. Evaluation of state of resilience for a critical infrastructure in a context of interdependencies. *International Journal of Critical Infrastructures,* 8(2), 95–106.

Jick, T. D. 1979. Mixing qualitative and quantitative methods : Triangulation in action. *Administrative Science Quarterly,* 24 (Dec.), 602–59.

Langewiesche, W. 2002. *American Ground: Unbuilding the World Trade Center.* New York : North Point Press.

Madni, A. M. and S. Jackson. 2009. Towards a conceptual framework for resilience engineering. *IEEE Systems Journal,* 3(2), 181–91.

Meyerowitz, J. 2006. *Aftermath: World Trade Center Archive.* Phaidon.

Murthy, D. 2008. Digital ethnography : An examination of the use of new technologies for social research. *Sociology,* 42(5), 837–55.

Myers, M. F., ed. 2003. *Beyond September 11th: An Account of Post-disaster Research.* Boulder, CO : Natural Hazards Research and Applications Information Center, University of Colorado.

Øien, K., S. Massaiu, R. Tinmannsvik, F. Størseth. Development of Early Warning Indicators Based on Resilience Engineering. Paper to the *International Probabilistic Safety Assessment and Management Conference (PSAM10)* 7–11 June.

Saurin, T. A. and G. C. Carim Júnior. 2011. Evaluation and improvement of a method for assessing hsms from the resilience engineering perspective : A case study of an electricity distributor. *Safety Science,* 49(2), 355–68.

Savage, M. and R. Burrows. 2009. Some further reflections on the coming crisis of empirical sociology. *Sociology,* 43(4), 762–72.

Shirali, G. A., I. Mohammadfam, and V. Ebrahimipour. 2013. A new method for quantitative assessment of resilience engineering by pca and nt approach : A case study in a process industry. *Reliability Engineering & System Safety,* 119 (Nov.), 88–94.

Simmel, G. 1903. The metropolis and mental life. *The Urban Sociology Reader,* 23–31.

Summerfield, P. 1985. Mass-observation : Social research or social movement? *Journal of Contemporary History,* 20(3), 439–52.

第11章 レジリエントパフォーマンスのセンサー駆動型発見，グラウンド・ゼロでの瓦礫撤去事例　　*165*

Tamaro, G. J. 2002. World Trade Center 'Bathtub' : From genesis to armageddon. *The Bridge*, 32(1), 11-17.

Vidaillet, B. 2001. Cognitive processes and decision making in a crisis situation : A case study, in *Organizational cognition: Computation and interpretation*, edited by T. K. Lant and Z. Shapira. Mahwah, NJ : Lawrence Erlbaum Associates, 241-63.

Weick, K. E. 1985. Systematic observational methods, in *Handbook of Social Psychology*, edited by G. Lindzey, E. Aronson. New York : Random House, 567-634.

Willcock, H. D. 1943. Mass-observation. *American Journal of Sociology*, 48(4), 445-56.

Woods, D. 2006. Essential characteristics of resilience, in *Resilience Engineering: Concepts and Precepts*, edited by E. Hollnagel, D. Woods, and N. Leveson. Aldershot, UK : Ashagate, 21-33.

第12章 レジリエントな組織になるために

Erik Hollnagel

12.1 はじめに

　安全であること，より実際的にはできるだけ多くの望ましいアウトカム（outcome）[*1]，またできるだけ少数の望ましくないアウトカムにつながるように稼働する（または機能する）ことのニーズは，すべての産業にとって極めて重要であるし，すべての人間活動について欠かせない要件である（Hollnagel, 2014）.

　このことは，プロセスの制御を損ねたら深刻な負の結果につながるような安全が重要な産業において，当然ながら大きな関心事である．原子力発電所や航空産業の例がただちに想起されよう．しかし，安全であることへのニーズは，医療や鉱山業を含む他のあらゆる産業においても存在している.

　安全の探究は明らかに特定の産業を特徴づけるシステムやプロセスの性質，とりわけ物事がうまく行くあり方やそれらが失敗するあり方に対応したものでなくてはならない．産業革命の黎明期――18世紀の後半で広範な蒸気機関の利用が第二次産業革命を牽引していた頃――主な問題は技術そのものであった（Hale & Hovden, 1998）.安全への努力の目的は，初期には蒸気機関の爆発を防止することや構造物が崩壊することを防ぐことであり，その後には材料や構造が期待される機能を提供できるほど信頼できることを確実にすることであった.

　第二次世界大戦（1939～1945年）の終了以降，安全についての関心はヒューマンファクターも含むかたちに拡大した．当初，ヒューマンファクターは人間を機械に適合させること，後には機械を人間に適合させることに関係するものとなった．いずれの

[*1]　outcome は「成果」と訳される場合もあるが，ここでは「望ましくない outcome」という表記もあるのでカタカナにした.

場合においても，主な関心は安全よりは生産性におかれていた．ヒューマンファクターが安全に及ぼす大きな影響が明らかになったのは，1979年のスリーマイル島原子力発電所事故が起こってからのことである．この事故が，人間の活動と誤解とが安全上決定的に重要であることを実証したのである．それ以降，ヒューマンエラーの概念は，事故調査，リスクアセスメントのいずれにおいてもあまりに強く根付いた（entrenched）ために，他の見方に過剰な影を落とすことになっている（Senders & Moray, 1991；Reason, 1990）．1980年代の後期になると，安全についての関心は，組織要因もまた重要であることが認識されたことで，新しい方向に向けられた．この傾向への引き金になったのは，1986年に起こったスペースシャトル・チャレンジャー号の爆発とチェルノブイリ原子力発電所事故である．また，後者は安全文化を安全のための活動に不可欠な要素とした（INSAG-1, 1986）．

これらの進展を振り返ってみると，要は，安全についての考察は実際の作業環境における実際の業務のあり方（言い換えれば産業の現実）に対応したものでなければならないということである．単純な方法や単純なモデルは，単純なタイプの仕事や作業環境については適切かもしれないが，より複雑な作業条件下で起こることを十分に説明することはできない．

産業の現実は，残念ながら安定したものではなく，理解することがより難しくなり続けているようである．それゆえ，20世紀はじめの安全努力は技術的システムだけについて関心を向ければ良かったのだが，今日では個人や集団の人的活動を持続させるために欠かせない互いに依存関係にある社会技術システムの集合について考えることが必要になっている．もう一つの重要な教訓は，安全のための方策の発展は産業システムの発展よりも常に遅れ，進歩は大きな事故が引き金となって不連続的に起こるのが常であるということである．もしも，安全についての考え方が実際の事故の進展に先行することができ，安全マネジメントのやり方がプロアクティブであるなら，それは明らかに望ましいことである．レジリエンスエンジニアリングはそのための方策を提供しているのである．

12.2 安全文化

今日において，産業安全は目的の違う異種の取組みから構成されている．技術それ自体の信頼性をできるだけ高めることに注力している人々がいる．古典的人間工学の意味，あるいは適切な作業条件やルーティンをつくり出すという意味で，ヒューマン

第12章　レジリエントな組織になるために **169**

ファクターに注意する人々もいる．さらに，組織要因，とりわけ安全文化に焦点を当てている人々もいる．実際に，安全文化は安全マネジメント上の最重要な挑戦課題としてさまざまな形で「ヒューマンエラー」にとって代わっている．この傾向は安全文化について何かをしなければならないという広範なニーズをつくり出した．このニーズは，安全文化は，問題解決上明確なかたちでは定義されていない(ill-defined)にもかかわらず，残り続けている．

　安全文化を記述する共通のやり方としては，異なるレベル（通常は5レベル）を識別することに依拠している(Parker, Lawrie & Hudson, 2006)．

　このレベルは，あたかもそれぞれが安全文化の異なった段階の表現であるかのように扱われている．実際にはそれらは連続的な領域の代表的な位置づけを示すにすぎない．この5レベルの特徴記述は表12.1に示すとおりである[*2]．最近の表記法では（最高位の）generativeレベルはresilientレベルと名称変更がなされている(Joy & Morrell, 2012)．ただし，それを正当化する根拠は明確ではない．

　安全文化についての上記の考えの背後には重要な仮定がある．安全文化をより高いレベルへ向かおうとする興味(interest)が組織に存在するという仮定である．安全文化を改善したいという動機づけは，いうまでもなく，程度の低い安全文化は事故やイ

表12.1　安全文化の5レベル

安全文化のレベル	特　徴	インシデント／事故への典型的な対応
生成的 (generative, 近年のモデルでは resilient)	組織の行うあらゆる事柄において安全行動が統合されている．	安全マネジメントの基本方針と実践策について，徹底した再評価がなされる．
能動的(proactive)	これからも見出される課題について対応し続ける．	統合的な事故調査を行う．
計算的* (calculative)	必要な手順は盲目的にフォローされる．	インシデントのフォローアップは定期的．
受動的(reactive)	安全は重要．事故が起こった場合にはさまざまな対策を実施する．	調査の範囲は限定的．
病的状態 (pathological)	安全に留意するよりも摘発されないことにのみ留意する．	インシデント調査なし．

───────────
*2　安全文化のレベルに関しては，組織心理学者 Edgar Schein が提示した Artifacts/Espoused Values/Basic Assumptions という3階層モデルが著名であるが，本書での5レベルモデルは安全文化の発展度合を示してる．混同せぬように注意されたい．

ンシデントが生じる主な理由だと考えられるからである．しかし，考察を深めるために，「ちなみにそのことは独立した観点からはまったく証明されてはいない」という仮定を受け入れてみればどうなるだろう．その場合には，安全文化を上位レベルへ向かわせる努力を批判する多くの論点があることを認めることが公正といえる．

一つの理由はコストの問題で，実際にそのような努力には費用が伴う．

次の理由は，受動的または計算的レベルから能動的または生成的レベルへ移行することは，組織が実際に起こったことだけを取り扱うのではなく起こりうる可能性についても扱うことを意味する．この未来への取組みはリスク（という考え方）を持ち込むことを要請するし，組織が近い将来だけでなく，より長期的視野ももつことを要請する．そのような行動は大多数の組織の考慮テーマとは整合しない（Amalberti, 2013）．場合によっては，しばらく（例えば，より長期的に存続できるためのリソースを準備できるまでは）計算的なレベルにとどまることが正当化されよう．このような意味では，安全文化の異なるレベルは，組織が安全に関係する効率性と完全性のトレードオフに際しての互いに異なる優先度に対応していると見ることもできるのである．

（1） 安全文化について

安全文化の最初の定義は，チェルノブイリ原子力発電所事故の余波のなかで実施されたIAEAワークショップの結果を受けている．ここでは安全文化は（原子力安全問題がその重要性に鑑みて必然的に受けるべき，組織と個人における特性や姿勢の集合体）として定義されている（INSAG-1, 1986）．

この定義はEdgar Scheinが1980年代に提唱（例えば，Schein, 1992）した組織文化の定義，すなわち「あるグループによって，外部環境への適応や内部的な統合の問題を解決しようとする活動を通じて発明，発見または発展させられた基本的な仮定群のパターン」と類似している．

それ以降，安全文化の概念をより良く定義するために，またその安全への影響を評価（account for）するために，安全文化に関する多数の調査が行われてきた．しかし，その結果はかなり残念なアウトカムを伴うものであった．*Safety Science* 誌の安全文化特集号においてGuldenmund（2000）は，安全文化の理論と研究のレビュー論文記事の冒頭で次のように述べている．

「過去20年間にわたり安全風土，安全文化に関する膨大な実証的研究がなされてきたが，残念ながら理論は同様な進歩を示していない．〈中略〉大多数の努力

は表面的な妥当性検討の段階以上には進歩していない．基本的にいえば，このことは安全文化の概念が第一ステップの発展段階を超えてはいないことを意味している．」

他のサーベイ，例えば Hopkins（2006）や Choudhry と Fang, Mohamed（2007）でもこれと類似した結論が得られている．この現状を踏まえれば，安全文化に関する前述の IAEA の定義を採用することは悪くないのかもしれない[*3]．

（2） 安全な組織になるために

前掲（表 12.1）した安全文化の 5 レベル表現は，人々に安全文化の発展は梯子のある段から別の段への移行のように考えることを強く促すかのようである（Parker, Lawrie & Hudson, 2006）．レベルを定義することは，2 つのことを意味する．その 1 は，（安全文化の）進歩は階段を上ることであり，劣化は下がることを意味するということである．その 2 は，変化はすべてある段から次の段へなされねばならないということである（ある段から一番下まで転落する可能性は別とする）．

安全文化の進歩を安全の改善に利用できるというなら，以下の実際的（practical）な質問に応えることができねばならない．

- 問 1：どのようにしたら着目組織の安全文化の現在レベルを決定できるのだろうか？ この問題は，（安全文化向上活動の）出発点を決めるのにも，いつ目標または「目的地」に到達できたかを知るためにも，重要である．この条件が明らかでないと，変える活動は，利用できるリソース，または割り当てられた時間を使い切った段階で終了とされるかも知れないからである．問 1 に対する回答は曖昧さがなく操作性を有していなければならない．また，これまでの実践や社会的了解ではなく，なんらかの明示的理論を参照しているべきである．さらに，この回答はあるレベルを維持するための前提条件でなければならない．変化を検出できることが，維持のためには必要だからである．
- 問 2：組織の安全文化がどのくらい良好であるべきか，という意味での目標は何であろうか？ 組織が生成的またはレジリエントな安全文化を有することが最終目標なのか，それともそこまではいかない文化でも受け入れ可能なのか．

[*3] 簡単にいえば，明確な進歩がなされていないのだから，歴史的には古い IAEA の定義でもまだ意味があるのかも知れないという意味である．

また，いずれにしても生成的またはレジリエントな安全文化とは何であろうか．ある組織がそのレベルに到達していることをどうしたら確かめられるだろうか．

● 問3：あるレベルから次のレベルに移行するには，どんな種類の努力が必要なのだろうか？　レベルの間の差異は，明らかに定性的であり定量的ではない以上，同じ種類の努力を繰り返し蓄積することが最も下のレベルから最も上のレベルに移行するために有効だとは考えられない．関連する問いとしては次のようなものがある．どのくらいの量の努力が必要か，変化が起こるにはどのくらいの時間が必要か，努力の効果は即発型か遅れ型か，同じレベルにとどまり続けるにはどの程度の努力が必要か，そしてレベル間の「距離」はどの程度か（レベルが等間隔であると仮定することは論理的ではあるまい）．

安全を向上させるための直接的方策の一つとして，common development approach*4 を用いることもありえよう．ここでは，変化は外部のエージェント（管理者）によって導かれるかマネジメントされる．このやり方で起こる変化は，ある個人の熱意の結果であり，マネジメント目標や要求を満たそうとするニーズに対する結果ではない．このやり方では安全文化は「心情や考えを勝ち取る」ことを通じて変化することになる（Hudson, 2007）．

個人の行動を変えることに焦点を絞ることは，組織文化と調和するかも知れないが，そのことはまた個人のパフォーマンスと安全文化が混乱することを意味する．ここでは，あるレベルから次のレベルへ変化するのは組織ではなく，個人的責任感，個人的結果，プロアクティブな干渉などによって仕事への姿勢を変える個人だということになる．厳密にいえば，このことは安全文化のレベルの評価尺度が，組織の特性ではなく，個人の姿勢の総体的表現に対応していることになる*5．

またこの場合には，組織構成員は均質化していてすべての構成員は同じ姿勢や同じ文化を共有していることになる．しかしこのようなことは，すべての組織は非均質（heterogenous）であること，すなわち，そのある部分（分野，部局，特別機能担当者など）はあるやり方で働き，他の部分は別のやり方で働いているという実態と矛盾している．

なるべく多くの物事がうまく行き，うまく行かないことはごく少なくなるように組織が機能するという最終目標は，安全文化を変えることとは別のやり方によっても達

---

*4　コミュニティの活性化などを目的として利用される方策．
*5　個人を変えることを通じて組織の安全文化を変えるアプローチには，暗黙のうちに「個人の挙動の総和＝組織の挙動」という分解可能性の仮定，要素還元論の仮定が含まれている．

第 12 章　レジリエントな組織になるために　**173**

成可能である．パフォーマンスが安全文化のレベルによるものとして説明する代わり
に，組織パフォーマンスの特徴そのものを調べるやり方もできよう．このアプローチ
は高信頼性組織（HRO）学派（Roberts, 1990；Weick, 1987）においてもレジリエンスエ
ンジニアリング（Hollnagel, Woods & Leveson, 2006；Hollnagel 他, 2011）においても
採用されている．以下では安全パフォーマンスがどのようにもたらされるかを理解す
るためにレジリエンスエンジニアリングが意味するところについて考察する[*6]．

12.3 ┃ レジリエンスのつくり込み

　レジリエンスエンジニアリングと通常の安全へのアプローチにおける最も重要な差
異は，日常的な成功をもたらすパフォーマンスについての着眼である．このことは 2
種類の安全概念，Safety-I と Safety-II（Hollnagel, 2014；ANSI, 2011）によって理解で
きる．Safety-I では安全を事故やインシデントがないこと，または「受け入れられな
いリスクがないこと」として定義する．Safety-II では，安全を，変化する条件の下
で成功する（成功を続ける）能力として定義する．このことはもちろん，より良い安全
文化はインシデント数や事故数の減少をもたらすという仮定と整合している．しかし，
一つの要因または次元にもとづく説明を提供する代わりに，レジリエンスエンジニア
リングでは，個人ならびに組織のパフォーマンスの性質に目を向ける．そこではレジ
リエントな組織（またはシステム）は次のことができなければいけないと，より厳密な
提案がなされている．

- 通常の，あるいは通常ではない変動，外乱や好機に**対処**しなければならない．
- 生起することを**監視（モニター）**して組織が現在のオペレーションを実施する能
  力に影響を与えそうな何かが起こることを認識できなければならない．
- 適切な経験から適切な教訓を**学習**できなければならない．
- 現在のオペレーション方式の範囲を超えた未来において起こるかもしれない事
  象を**予見**できなければならない．

どのような組織においても，上記 4 能力の適正なミックスまたは組合せは，そのオ
ペレーションの性質と特定の動作環境（ビジネス，規制，社会的など）に依存して決ま
る．また，これら 4 能力は互いに依存しており独立ではない．例えば，ある組織が何
かに対処できる能力の実効性は，その組織が準備していた（監視できる）か否か，過去

　[*6]　安全上，最終的に重要な意味をもつのは，個人の姿勢に着目した安全文化ではなく，組織の
　パフォーマンスそのものではないか，という指摘．

の経験から学んでいたか否かなどに依存する.

この4能力は,着目する組織においてさまざまなレベルまで発展させることができる.そしてそれぞれの能力は,その背景にある(または構成する)機能によって規定される.この事実は,その組織が現在どの程度優れたパフォーマンスを示しているのか,またどの程度までできるのかを見出すために利用できる.その具体的なアプローチはResilience Analysis Grid(RAG)(Hollnagel, 2010;ARPANSA, 2012 を参照)に示されている.この方法は,着目する組織が与えられた時点において,これら4能力のそれぞれがどの程度よく機能しているかのアセスメントに利用できる.

同じアセスメント方法は,ある能力の特定のサブ機能を発展させる具体的な方策を提示するためにも利用可能である.ただし,ここで前述の4能力は互いに依存していることを忘れてはならない.それゆえ4能力を発展させる可能性は,安全性(向上)への方策の有力な代替策を提供している.この代替策を以下では,「レジリエンスへの道筋」と呼ぶことにする.

(最高レベルを目指すという)安全文化の発展とは対照的に,レジリエンスエンジニアリングは,あるレベルを目指すというよりも,ある組織がどのくらい良好な挙動をするのかを考えている.レジリエンスはある状態や条件(システムがどのようであるか)を特徴づけるものではない.プロセスやパフォーマンスがどのようになされるか(組織が何をするのか)を特徴づける.それゆえ「レジリエントな組織になること」は連続的であるが「安全な組織になること」は,不連続であるという意味で異なっている*7.

より厳密にいえば,レジリエンスはある対応の活動やあるタイプの状況について適切であるように前述の4能力のバランスをとることである.例えば,ある組織が事前想定していない(または困難な)状況を処理するために,対処能力に重点を置いて監視能力を軽視するなら,その組織はレジリエントであるとはいえない.その理由は簡単にいえば,監視能力を無視することは,パフォーマンスが想定されていない事象によって擾乱を受ける可能性を増大させるので,結果的に生産性は低下し,安全性は危険に曝されるからである.

---

*7 安全文化に異なるレベルがあるという捉え方をするなら,安全はレベルの変化に対応して不連続に変わることになろう.

第12章　レジリエントな組織になるために　**175**

12.4 レジリエンスへの道筋

　レジリエンスへの道筋を描くためには，2つの極端な例を考えるとわかりやすい．一方は機能不全または病的状態にある組織で，他方は良好に機能しているレジリエントな組織である．

①　機能不全状態の組織は，生じてくる事態に対してステレオタイプの対処または混乱モードでの対処をするだけで，監視，学習，予見などには目を向けない．対処する能力は最も基本的なものである．なぜなら，適切な有効さで生起事象に対処できない組織は，消滅するか，時には文字通り"死亡"してしまうからである．対処だけをできる組織は受動的であり，学習機能がないことは，その組織が外的事象に"サプライズ"させられてばかりいることを意味する．

②　レジリエントな組織は，対処し，監視し，学習し，予見することができる．それに加えて，このような組織はこれらのことを十分適切に行うことができ，必要とされる努力やリソースを適切にマネジメントできる．しかし，安全文化におけるレベルの場合と異なって，これらの能力には上限はない．より効果的かつ迅速に対処し，監視方法を改善し，さらに学習し，より良く予見することはいつでも可能なのである．

　ある組織が機能不全からレジリエントに変わるにはどうしたら良いのか，ということが実際的な課題である．4つの能力はいずれも改善されることが望ましいのだから，レジリエンスに至る可能な道筋は少なくとも4通りはあることは明らかに見える．これら4つの「道筋」はレジリエンスの4能力をさまざまに組合せ，それらの遷移のあり方を考えることで見出せそうに思える．ただし，これら4能力についてもう少し考察を深めることで，ある道筋が他の道筋に比べて，より合理的で効果的になる，ということがいえそうである．

（1）　機能不全の組織

　レジリエンスへの道筋は，原理的に機能不全な組織，すなわち基本的には対処能力しかもたない組織から始まる．そのような組織を想像することはできよう（例えば，巨大すぎて倒産させられない金融組織や，計算機利用の変化に鈍感なソフトウェア会社など）．しかし，そのような組織は，その組織にほとんど何も起こらないという場合を除くと長期間存続することはできない．対処能力しかもたない組織というものは

ありうるが，その他の３つのレジリエンス能力に関してはそうではない．例えば，監視能力のみ，学習能力のみ，予見能力のみを有する組織は存在し得ない．理由は単純で，高々機会主義的な能力であっても，対処能力をもたない組織は存続できないからである．

　このことから，レジリエントな組織を実現するために可能な道筋は３通りあることになる．対処能力だけはあるとして，次に監視能力，学習能力，予見能力のいずれかを強化するというのがその道筋である．それぞれの道筋についての賛否はあろうが，選択のうえで最重要な規範は，組織の対処能力を向上させることである．

（２）　対処し，監視できる組織

　対処する能力を強化する最良策は，監視する能力を強化することである．監視をすることで組織は，変化や外乱を，それらについての対処が必要になるのに先立って検出することができるからである．

　これにより組織は，内部のリソースを再配置したり動作のモードを変更したりするなど，対処への備えができるし，また信号が弱い（兆候が軽微な）段階で早期に対応することができる．このような対処の単純な例としては，プロアクティブ保全が挙げられる．この方式は時間管理保全より優れているし，緊急の修理よりは遥かに望ましい．進展する事象に対して早期に対処することにより，リソースが少しで済むし所要時間も短くなるのが普通である．ただし，その場合に，対処行動が不適当であったり不要であったりするリスクは存在する．しかしながら，そのやり方は受動的モードだけで活動するよりは望ましいものである*8．

　例えば，日常的な動作と生産の条件は不安定で，部品やリソースの供給，原材料の品質，環境などに大きな変動があるような組織について考えてみよう．この場合，安全で効果的なパフォーマンスのために必要な条件について目を配ることが必要であり，この意味で，レジリエンスへの道をたどるための第一歩として監視能力を改善することが重要なのである．

（３）　対処し，監視し，学習できる組織

　対処し，監視することができる組織にとって，論理的に次になすべきことは学習す

---

*8　プロアクティブに行動すれば，後知恵ではその行動が不要だったという事態は起こりうる．津波警報に対して積極的に避難したが津波が来なかった場合などがその例である．このような経験をしても次の機会にも避難行動を継続することが安全上は望ましい．

る能力の開発である．学習が必要な理由はいくつか挙げられる．最も明らかな理由は，環境が変化していること，すなわち新規で予期していなかった条件や状況が常にありうることである．これらの変化について学習し，パターンや規則性を探究して対処や監視の能力を向上させることが重要なのである．

もう一つの重要な理由は，対処する能力は常に制約されているからである．単純に考えても，すべての事象，あるいは起こりうる条件の組合せすべてについて対処法を用意しておくことは不可能である（Westrum, 2006）．つまり，組織はどのように対処すべきかを常に知っているということはありえない．これら（事象や条件の組合せ）から学習し，それらが一度だけのものか，また生じうるかを評価し，その知見を対処や監視の方法を改善することは明らかに重要である．同様に，組織はうまく行った対処法についても学習すべきである．うまく行った対処法であっても，その改善は常に可能だからである．組織はその経験を，対処の正確さ，対処の所要時間，監視すべき兆候や指標の組合せなどについて改善するために活用できる．

（4） レジリエントな組織

ある組織が，十分に良好な対処，監視，学習ができるようになった段階で，予見（anticipate）能力の改善がなされるべきである．もっと正確にいえば，予見は，監視能力（どのような指標を探すべきか），対処能力（起こりうる未来のシナリオを概観する），学習能力（異なる種類の教訓を優先づけする）などを強化するために利用できる．（一方で）学習は，対処能力を改善し，適切な兆候や指標を選択し，予見の基盤となる想像力に磨きをかける（hone）ことに利用できる．監視は一義的には対処能力を改善する（レディネスの強化，予防的対処など）ために利用される．そして，対処能力は学習能力や予見能力を改善するのに必要な経験を与えてくれる．

以上述べたように，改善し，よりレジリエントな組織になることを望むなら，いつ，どのようにこれらの4能力を開発するかを注意深く決めなければならない．安全への行程が安全文化のステップを一つずつ登るのと同様なかたちで全体的（wholesale）変化や改善をしようとすることはお勧めできない．そうではなく，組織ははじめに，4つの能力についてどの程度上手に発揮しているかを見定めなければならない．そのためには4能力のそれぞれについて，その能力に寄与する機能群（functions）を評価し，次いでそれらの機能群をどのように発展させるかを計画する必要がある．そのような計画に際しては，既存の方法を利用するのではなく，機能相互の関係を考慮して最も

効率的である方策を探究すべきである．場合によっては，ある能力またはそれを構成する機能は，より優れたセンサーや測定結果を分析評価するためのより強力な方法などの，技術開発によって強化されることもあろう．別の場合には，改善が必要なヒューマンファクターや組織関係に着目したやり方がありえよう．また，別の場合に着目されるのは，計画，事象分析，訓練などの組織的機能かも知れない．そして最後には，心的姿勢(attitude)や安全文化さえもが手段的価値(instrumental value)を有する場合があろうと思われる．

12.5 結　論

以上の考察内容は，レジリエンスへ至る本筋の道を示す図 12.1 に要約される．この道は，必ず機能不全の組織を出発点とするという必要はない．そのような組織は，理論上では極端な例としてありうるが，そのような組織が現実に長期間存続できるわけはなく，レジリエンスへの道筋の出発点として合理的とはいえない．それよりも，対処と監視はできるという組織，つまり理想的ではないとしても存在を維持できる組織を出発点としてもよいであろう．

この道筋は「レジリエントな組織」を終着点としており，そこへ至る主な道筋は実

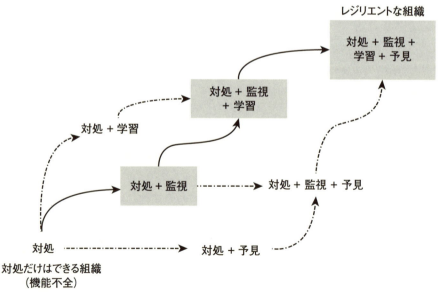

図 12.1　レジリエンスへの道筋

線で示されている．この道筋をたどる際の進展は，まずは学習能力を，次いで予見能力を開発するというかたちでなされる．しかし，その際には，新しい能力を開発するのと同時に，すでに存在している能力(対処と監視)を強化し，改善することもなされるべきである．ただしこの進展は，単純でもなければ"機械的"でもありえない．進展には総合的な戦略と同時に「常に警戒を忘れない心(a constant sense of unease)」(Nemeth 他，2009)も必要としている．この感覚を利用できる方策を最善に活用させるのである．組織の発展は常にフォローされていて，予見されなかった発展——あるいは発展の欠落——は早期に検出されて操作的(operationally)に明示されねばならない．

3つの質問とレジリエンスへの道筋

レジリエンスへの道筋についての結果は，12.2節(2)項の3つの質問への回答に着目することによって要約できる．

ある組織のパフォーマンスの質をどのように決める(評価する)か，という問題については，レジリエンスエンジニアリングは，4つの能力とそれらを支える(または構成する)機能群に着目することを提案している．このための実用的な方策は，すでにレジリエンスとは何かについての言語化された記述から導かれ，Resilience Analysis Grid として知られている．

目標の設定に関しては，レジリエンスエンジニアリングは最終的回答を処方として提示(prescribe)しない．そうではなく，それぞれの組織は，自己のパフォーマンスがどのようにレジリエントであるべきかを，4能力それぞれの詳細なレベル(differential level)のかたちで表現して決めなければならない．この決め方は，その組織が何を行っていて，どんな状況で活動しなければならないかに強く依存して，規範的というより実用的な選択になる．

安全文化が5レベルモデルで概念化されているのとは異なり，レジリエンスには上限がない．組織は常に，生産性，安全性，品質などの観点について，それが行っていることを改善でき向上できる．

最後に，レジリエンスを改善するのにどれほどの努力が必要かという点に関しては，4つの能力それぞれを，当該能力を構成する機能仕様を明示することが，現実的な方策となる．それぞれの構成機能について，望ましい変化をもたらすため可能な方策が開発されたなら，コストやリスクなどの視点から評価されねばならない．4つの能力を構成する機能は，機能ごとに大きく異なっているのであるから，標準的あるいは一

般的な回答は存在しない．しかし，それらの機能が分析され，目標が提示されれば，さまざまな既知で有用性が確認されている手法を利用することは可能なのである*9.

---

*9 例えば対処能力を，構成する機能に分解することは，着目領域が決まれば可能である．船舶航行の場合であれば，入港，出港，荷役，危険物回避，最短経路選択などがその例である．それぞれの機能について，問題の状況を設定すれば，その設定状況下での最善の方策を探究することが可能になる．

参 考 文 献

Christopher Nemeth（まえがき）

Adamski, A.J. and Westrum, R. (2003). Requisite Imagination: The fine art of anticipating what might go wrong. In E. Hollnagel (ed.), *Handbook of Cognitive Task Design*. 193–220.

International Council of Systems Engineers. Retrieved on line April 2013 from: http://www.incose.org/practice/whatissystemseng.aspx

Hollnagel, E. (2014). *Safety-I and Safety-II. The past and future of safety management*. Farnham, UK: Ashgate.

Hollnagel, E. and Woods, D.D. (2005). *Joint Cognitive Systems: Foundations of cognitive systems engineering*. Boca Raton, FL: Taylor and Francis/CRC Press.

Merriam Webster Dictionary. Retrieved online April 2013 from: http://www.merriam-webster.com/dictionary/engineering

Norman, D. 2011. *Living with Complexity*. Cambridge, MA: The MIT Press.

Reason, J. (1997). *Managing the Risks of Organizational Accidents*. Brookfield, VT: Ashgate Publishing.

Wreathall, J. and Merritt, A.C. (2003). Managing Human Performance in the Modern World: Developments in the US Nuclear Industry. In G. Edkins and P. Pfister (eds), *Innovation and Consolidation in Aviation*. Aldershot, UK: Ashgate Publishing.

Wreathall J. (2006). Properties of Resilient Organizations: An Initial View. In E. Hollnagel, D. Woods and N. Leveson (eds), *Resilience Engineering: Concepts and precepts*. Aldershot, UK: Ashgate Publishing. 275–85.

Woods, D.D. (2000, September). Behind Human Error: Human Factors Research to Improve Patient Safety. *National Summit on Medical Errors and Patient Safety Research*, Quality Interagency Coordination Task Force and Agency for Healthcare Research and Quality. http://www.apa.org/ ppo/issues/shumfactors2.html

Per Becker, Marcus Abrahamsson, Henrik Tehler（第 1 章）

Abrahamsson, M., Hassel, H. and Tehler, H. (2010). Towards a system-oriented framework for analysing and evaluating emergency response. *Journal of Contingencies and Crisis Management*, 18(1), 14–25.

Beck, U. (1999). *World Risk Society*. Cambridge: Polity.

Belton, V. and Stewart, T.J. (2002). *Multiple Criteria Decision Analysis: An integrated approach*. Boston: Kluwer Academic Publishers.

Berkes, F. and Folke, C. (1998). Linking social and ecological systems for resilience and sustainability. In F. Berkes and C. Folke (eds), *Linking Social and Ecological Systems: Management practices and social mechanisms for building resilience*. Cambridge and New York: Cambridge University Press, 1–25.

CADRI (2011). *Basics of Capacity Development for Disaster Risk Reduction*. Geneva: Capacity for Disaster Reduction Initiative.

Cohen, L., Pooley, J.A., Ferguson, C. and Harms, C. (2011). Psychologists' understandings of resilience: Implications for the discipline of psychology and psychology practice. *Australian Community Psychologist*, 23(2), 7–22.

Cook, R.I. and Nemeth, C. (2006). Taking things in one's stride: Cognitive features of two resilient performances. In E. Hollnagel, D.D. Woods and N. Leveson (eds), *Resilience Engineering: Concepts and precepts*. Aldershot and Burlington: Ashgate.

Coppola, D.P. (2007). *Introduction to International Disaster Management*. Oxford: Butterworth-Heinemann (Elsevier).

Elsner, J.B., Kossin, J.P. and Jagger, T.H. (2008). The increasing intensity of the strongest tropical cyclones. *Nature*, 455(7209), 92–5.

Fordham, M.H. (2007). Disaster and development research and practice: A necessary eclecticism? In H. Rodríguez, E.L. Quarantelli and R.R. Dynes (eds), *Handbook of Disaster Research*. New York: Springer, 335–46.

Geist, H.J. and Lambin, E.F. (2004). Dynamic causal patterns of desertification. *Bioscience*, 54(9), 817–29.

Haimes, Y.Y. (1998). *Risk Modeling, Assessment, and Management*. New York and Chichester: John Wiley & Sons.

Haimes, Y.Y. (2004). *Risk Modeling, Assessment, and Management (2 ed.)*. Hoboken: Wiley-Interscience.

Hale, A. and Heijer, T. (2006). Is resilience really necessary? The case of railways. In E. Hollnagel, D.D. Woods and N. Leveson (eds), *Resilience Engineering: Concepts and precepts*. Aldershot and Burlington: Ashgate.

Haque, C.E. and Etkin, D. (2007). People and community as constituent parts of hazards: The significance of societal dimensions in hazards analysis. *Natural Hazards*, 41(41), 271–82.

Hewitt, K. (1983). The idea of calamity in a technocratic age. In K. Hewitt (ed.), *Interpretations of calamity*. London and Winchester: Allen & Unwin.

Hollnagel, E. (2006). Resilience– the challenge of the unstable. In E. Hollnagel, D.D. Woods and N. Leveson (eds), *Resilience Engineering: Concepts and precepts*. Aldershot and Burlington: Ashgate.

Hollnagel, E. (2009). The four cornerstones of resilience engineering. In C.P. Nemeth, E. Hollnagel and S. Dekker (eds), *Preparation and Restoration*. Farnham and Burlington:

Ashgate, 117–33.

Kates, R.W., Clark, W.C., Corell, R., Hall, J.M., Jaeger, C.C., Lowe, I., et al. (2001). Sustainability science. *Science*, 292(5517), 641–2.

Leveson, N., Dulac, N., Zipkin, D., Cutcher-Gershenfeld, J., Carrol, J. and Barret, B. (2006). Engineering resilience into safety-critical systems. In E. Hollnagel, D.D. Woods and N. Leveson (eds), *Resilience Engineering: Concepts and precepts*. Aldershot and Burlington: Ashgate.

OECD (2003). Emerging systemic risks in the 21st century: An agenda for action. Paris: OECD.

Oliver-Smith, A. (1999). Peru's five-hundred-year earthquake: Vulnerability in historical context. In A. Oliver-Smith and S.M. Hoffman (eds), *The Angry Earth: Disaster in anthropological perspective*. London and New York: Routledge, –88.

Pariès, J. (2006). Complexity, emergence, resilience. In E. Hollnagel, D.D. Woods and N. Leveson (eds), *Resilience Engineering: Concepts and precepts*. Aldershot and Burlington: Ashgate.

Pendall, R., Foster, K.A. and Cowell, M. (2010). Resilience and regions: Building understanding of the metaphor. *Cambridge Journal of Regions, Economy and Society*, 3(1), 71–84.

Perrow, C. (1999a). *Normal Accidents: Living with high-risk technologies*. Princeton: Princeton University Press.

Perrow, C.B. (1999b). Organizing to reduce the vulnerabilities of complexity. *Journal of Contingencies and Crisis Management*, 7(3), 150–155.

Petersen, K.E. and Johansson, H. (2008). Designing resilient critical infrastructure systems using risk and vulnerability analysis. In E. Hollnagel, C.P. Nemeth and S. Dekker (eds), *Resilience Engineering Perspectives: Remaining sensitive to the possibility of failure*. Aldershot and Burlington: Ashgate.

Raco, M. (2007). Securing sustainable communities. *European Urban and Regional Studies*, 14(4), 305.

Rasmussen, J. (1985). The role of hierarchical knowledge representation in decisionmaking and system management. *IEEE Transactions on Systems, Man, and Cybernetics*, 15(2), 234–43.

Renn, O. (2008). *Risk Governance*. London and Sterling: Earthscan.

Schulz, K., Gustafsson, I. and Illes, E. (2005). *Manual for Capacity Development*. Stockholm: Sida.

Senge, P. (2006). *The Fifth Discipline: The art & practise of the learning organisation* (2 ed.). London and New York: Currency & Doubleday.

Turner, B.L., Kasperson, R.E., Matson, P.A., McCarthy, J.J., Corell, R.W., Christensen, L., et al. (2003). A framework for vulnerability analysis in sustainability science. *Proceedings of the National Academy of Sciences of the United States of America,* 100(14), 8074-9.

Ulrich, W. (2000). Reflective practice in the civil society: The contribution of critical systems thinking. *Reflective Practice,* 1(2), 247-68.

Wisner, B., Blaikie, P.M., Cannon, T. and Davis, I. (2004). *At Risk: Natural hazards, people's vulnerability and disasters (2nd ed.).* London: Routledge.

Yates, F.E. (1978). Complexity and the limits to knowledge. *American Journal of Physiology: Regulatory, Integrative and Comparative Physiology,* 4(235), R201-4.

Jean Christophe Le Coze, Nicolas Herchin, Philippe Louys(第 2 章)

Hollnagel E., Woods D.D, and Leveson, N. (2006). *Resilience Engineering: Concepts and precepts.* Ashgate.

Joerges, B. (1988). Large technical systems: Concepts and issues. In Mayntz, R., Hughes, T. (eds)(1988). *The Development of Large Technical Systems.* Schriften des Max-Planck-Instituts für Gesellschaftsforschung Köln, No. 2, ISBN 3-593-34032-1, Campus Verlag, Frankfurt/Main, New York

Klein, G. (2009). *Streetlights and Shadows. Searching for the keys to adaptive decision making.* The MIT Press.

La Porte, T. (ed)(1991). Social responses to large technical systems. Control or anticipation. Springer.

Le Coze, J.C. and Herchin, N. (2011). *Observing Resilience in Large Technical System. Third symposium on resilience engineering.* Juan les Pins.

Le Coze, J.C., Herchin, N. and Louys, P. (2012). *To Describe or to Prescribe? Working On Safety.* Sopot, Poland.

Le Coze, J.C. (2012). Towards a constructivist program in safety. *Safety Science,* 50, 1873-93.

Mayntz, R., Hughes, T. (eds)(1988). *The Development of Large Technical Systems.* Schriften des Max-Planck-Instituts für Gesellschaftsforschung Köln, No. 2, ISBN 3-593-34032-1, Campus Verlag, Frankfurt/Main, New York

Reason, J., (1990). *Human Error.* Cambridge University Press.

Simon, Herbert (1947). *Administrative Behavior,* (1947), New York, NY: Macmillan.

Sperandio, J. C. (1977). La régulation des modes opératoires en fonction de la charge de travail chez les controlleurs de trafic aérien. le travail humain, 40, 249-256.

Weick, K., Sutcliffe, K.M. and Obstfeld, D. (1999). Organising for high reliability: processes of collective mindfullness, *Research in Organisational Behavior,* 21, 81-123.

Robert L. Wears, L. Kendall Webb(第 3 章)

Adamski, A.J. and Westrum, R. (2003). Requisite imagination: the fine art of anticipating what might go wrong. In E. Hollnagel (ed.), *Handbook of Cognitive Task Design.*

Mahwah, NJ: Lawrence Erlbaum Associates, 193–220.

Cook, R.I. (2010, 2010). How Complex Systems Fail. Retrieved 19 September 2010, from http://www.ctlab.org/documents/Ch%2007.pdf

Dekker, S.W.A. (2011). *Drift into Failure: From hunting broken components to understanding complex systems*. Farnham, UK: Ashgate.

Dekker, S.W.A., Nyce, J. and Myers, D. (2012). The little engine who could not: 'rehabilitating' the individual in safety research. *Cognition, Technology & Work*, 1–6. doi: 10.1007/s10111-012-0228-5.

Hollnagel, E. (2009). *The ETTO Principle: Efficiency-Thoroughness Trade-off (Why Things That Go Right Sometimes Go Wrong)*. Farnham, UK: Ashgate.

Hollnagel, E. (2011). Prologue: the scope of resilience engineering. In E. Hollnagel, J. Pariès, D.D. Woods and J. Wreathall (eds), *Resilience Engineering in Practice: A guidebook* (pp. xxix–xxxiv). Farnham, UK: Ashgate.

Jackson, D., Thomas, M. and Millett, L.I. (eds) (2007). *Software for Dependable Systems: Sufficient evidence?* Washington, DC: National Academy Press.

Lanir, Z. (1986). Fundamental Surprises. Retrieved from: http://csel.eng.ohio-state.edu/courses/ise817/papers/Fundamental_Surprise1_final_copy.pdf

Marais, K.B. and Saleh, J.H. (2008). Conceptualizing and communicating organizational risk dynamics in the thoroughness-efficiency space. *Reliability Engineering & System Safety*, 93(11), 1710–1719.

March, J.G. (1991). Exploration and exploitation in organizational learning. *Organization Science*, 2(1), 71–87.

March, J.G., Sproull, L.S. and Tamuz, M. (1991). Learning from samples of one or fewer. *Organization Science*, 2(1), 1–13.

Maruyama, M. (1963). The second cybernetics: deviation-amplifying mutual causal processes. *American Scientist*, 5(2), 164–79.

Rochlin, G.I. (1999). Safe operation as a social construct. *Ergonomics*, 42(11), 1549–60.

Sagan, S.D. (1993). *The Limits of Safety: Organizations, accidents, and nuclear weapons*. Princeton, NJ: Princeton University Press.

Snook, S.A. (2000). *Friendly Fire: The accidental shoot-down of US Black Hawks over Northern Iraq*. Princeton, NJ: Princeton University Press.

Wears, R.L. (2010). Health information technology risks. *The Risks Digest*, 26(25). Retrieved from: http://catless.ncl.ac.uk/Risks/26.25.html#subj1

Wears, R.L., Cook, R.I. and Perry, S.J. (2006). Automation, interaction, complexity, and failure: a case study. *Reliability Engineering and System Safety*, 91(12), 1494–1501. doi: 10.1016/j.ress.2006.01.009.

Wears, R.L., Fairbanks, R.J. and Perry, S. (2012). *Separating Resilience and Success* (Proceedings of the Resilience in Healthcare). Middelfart, Denmark, 4–5 June 2012.

Wears, R.L. and Leveson, N.G. (2008). 'Safeware': safety-critical computing and healthcare information technology. In H.K and J.B. Battles, M.A. Keyes and M.L. Grady (eds), *Advances in Patient Safety: New Directions and Alternative Approaches* (AHRQ Publication No. 08-0034-4 ed., Vol. 4. Technology and Medication Safety, pp. 1–10). Rockville, MD: Agency for Healthcare Research and Quality.

Wears, R.L. and Morrison, J.B. (2013). *Levels of Resilience: Moving from resilience to resilience engineering* (Proceedings of the 5th International Symposium on Resilience Engineering (in review), Utrecht, the Netherlands, 25–27 June 2013.

Woods, D.D. and Branlat, M. (2011). Basic patterns in how adaptive systems fail. In E. Hollnagel, J. Paries, D.D. Woods and J. Wreathall (eds), *Resilience Engineering in Practice*. Farnham, UK: Ashgate, 127–44.

Woods, D.D. and Cook, R.I. (2006). Incidents–markers of resilience or brittleness? In E. Hollnagel, D.D. Woods and N. Levenson (eds), *Resilience Engineering*. Aldershot, UK: Ashgate, 70–76.

Woods, D.D., Dekker, S.W.A., Cook, R.I., Johannesen, L. and Sarter, N. (2010). *Behind Human Error* (2nd ed.). Farnham, UK: Ashgate.

Woods, D.D. and Wreathall, J. (2008). Stress-Strain Plots as a Basis for Assessing System Resilience. In E. Hollnagel, C.P. Nemeth and S.W.A. Dekker (eds), *Resilience Engineering: Remaining sensitive to the possibility of failure*. Aldershot, UK: Ashgate, 143–58.

Masaharu Kitamura(北村 正晴)(第 4 章)

Akaike, H. (1974). A new look at the statistical model identification. *IEEE Transactions on Automatic Control*, AC-19. 716–23.

Hatamura, Y. (Chairman) (2012). The Final Report of Investigation Committee on the Accident at Fukushima Nuclear Power Stations of TEPCO. Available at: http://www. cas.go.jp/jp/seisaku/icanps/eng/final-report.html [accessed: 7 May 2013].

Hollnagel, E. (1993). *Human Reliability Analysis: Context and control*. London: Academic Press.

Hollnagel, E. (2006b), Epilogue of (Hollnagel, Woods and Leveson 2006).

Hollnagel, E. (2012), Resilience engineering at eight, Preface for Japanese translation of (Hollnagel, Woods and Leveson 2006).

Hollnagel, E. (2013). A tale of two safeties. *International Electronic Journal of Nuclear Safety and Simulation*, 4, 1–9.

Hollnagel, E., Woods, D.D., Leveson, N. (2006). *Resilience Engineering: Concepts and precepts*. Aldershot. UK: Ashgate Publishing.

Hollnagel, E., Paries, J, Woods, D.D. and Wreathall, J. (2011). *Resilience Engineering in Practice: A guidebook*. Aldershot. UK: Ashgate Publishing.

Kemeny, J.G. (Chairman) (1979). Report of The President's Commission on the Accident at the Three Mile Island. Available at: http://www.threemileisland.org/downloads/188.pdf [accessed: 28 March 2013].

Kitamura, M. (2009), The Mihama-2 accident from today's perspective, in E. Hollnagel, *Safer Complex Industrial Environments*. Boca Raton, FL: CRC Press, 19–36.

Kitazawa, K. (Chairman) (2012). The Fukushima Investigation Report by Independent Investigation Commission on the Fukushima Daiichi Nuclear Accident.

Klein, D. and Corradini, M. (Co-Chair) (2012). Fukushima Daiichi: ANS Committee Report. Available at: http://fukushima.ans.org/report/Fukushima_report.pdf [accessed: 3 April 2013].

Kurokawa, K. (Chairman) (2012). The Official Report of The National Diet of Japan by Fukushima Nuclear Accident Independent Investigation Commission. Available at: http://warp.da.ndl.go.jp/info:ndljp/pid/3856371/naiic.go.jp/en/report/ [accessed: 3 April 2013)

Reason, J. (2008). *The Human Contribution; Unsafe Acts, Accidents and Heroic Recoveries*. Aldershot UK: Ashgate.

Rissanen, J. (1978). Modeling by shortest data description. *Automatica*, 14 (5), 465–658.

Woods, D.D. and Cook,R.I. (2002). Nine steps to move forward from error. *Cognition, Technology and Work*, 4, 137–44.

Yagi, E., Takahashi, M. and Kitamura, M. (2006). Proposal of new scheme of science communication through repetitive dialogue forums, Proceedings of the 8th Probabilistic Safety Assessment and Management. New Orleans, USA, 14–18 May 2006.

Tarcisio Abreu Saurin, Carlos Torres Formoso, Camila Campos Famá(第 5 章)

Hollnagel, E. (2012). *FRAM: the Functional Resonance Analysis Method – modelling complex socio-technical systems*. Burlington: Ashgate.

Hollnagel, E. (2009). The four cornerstones of resilience engineering. In C. Nemeth, E. Hollnagel and S. Dekker (eds), *Resilience Engineering Perspectives: Preparation and restoration*, v. 2. Burlington: Ashgate, 177–33.

Hopkins, A. (2009). Thinking about process safety indicators. *Safety Science*, 47(4), 460–465.

Macchi, L. (2010). A resilience engineering approach to the evaluation of performance variability: development and application of the Functional Resonance Analysis Method for air traffic management safety assessment. Paris Institute of Technology, PhD thesis.

Neely, A., Richards, H., Mills, J. and Platts, K. (1997). Designing performance measures: a structured approach. *International Journal of Operations & Production Management*,

17(11), 1131–52.

Oien, K., Utne, I., Tinmannsvik, R. and Massaiu, S. (2011). Building safety indicators: part 2–application, practices and results. *Safety Science*, 49, 162–71.

Saurin, T.A., Formoso, C.T. and Cambraia, F.B. (2008). An analysis of construction safety best practices from the cognitive systems engineering perspective. *Safety Science*, 46 (8), 1169–83.

Wreathall, J. (2011). Monitoring – a critical ability in resilience engineering. In E. Hollnagel, J. Pariés, D.D. Woods and J. Wreathall (eds), *Resilience Engineering in Practice: a guidebook*. Burlington: Ashgate, 61–8.

Amy Rankin, Jonas Lundberg, Rogier Woltjer(第 6 章)

Cook, R.I., Render, M. and Woods, D.D. (2000). Gaps in the continuity of care and progress on patient safety. *BMJ* (Clinical research ed.), 320(7237), 791–4.

Cook, R.I. and Rasmussen, J. (2005). 'Going solid': a model of system dynamics and consequences for patient safety. *Quality & Safety in Health Care*, 14(2), 130–134.

Cook, R. and Woods, D.D. (1996) Adapting to new technology in the operating room. *Human Factors*, 38(4), 593–613.

Fischoff, B. (1975). Hindsight is not foresight: the effect of outcome knowledge on judgement under uncertainty. *Journal of Experimental Psychology: Human perception and performance*, 1(3), 288–99.

Furniss, D., Back, J., Blandford, A., Hildebrandt, M., & Broberg, H. (2011). A resilience markers framework for small teams. *Reliability Engineering & System Safety*, 96(1), 2–10.

Hoffman, R. and Woods, D.D. (2011). Beyond Simon's Slice: Five Fundamental Trade-Offs that Bound the Performance of Macrocognitive Work Systems. *IEEE Intelligent Systems*, 26(6), 67–71.

Hollnagel, E. (2008). The changing nature of risks. *Ergonomics Australia*, 22(1–2), 33–46.

Hollnagel, E. (2009). The Four Cornerstones of Resilience Engineering. In E. Hollnagel and S. Dekker (eds), *Resilience Engineering Perspectives, Vol 2 – Preparation and Restoration*. Farnham, UK: Ashgate, 117–33.

Hollnagel, E. (2012). Resilience engineering and the systemic view of safety at work: Why work-as-done is not the same as work-as-imagined. Bericht zum 58. Kongress der Gesellschaft für Arbeitswissenschaft vom 22 bis 24 Februar 2012. Dortmund: Gfa-Press, 19–24.

Hollnagel, E, and Woods, D.D. (2005). *Joint Cognitive Systems: Foundations of cognitive systems engineering*. Boca Ranton: CRC Press, Taylor & Francis Group.

Klein, G., Snowden, D. and Pin, C. (2010). Anticipatory thinking. In K. L. Mosier and U.M. Fischer (eds), *Informed by Knowledge: Expert performance in complex situations*. New

York: Psychology Press.

Kontogiannis, T. (2009). A Contemporary View of Organizational Safety: Variability and Interactions of Organizational Processes. *Cognition, Technology & Work*, 12(4), 231–49.

Koopman, P. and Hoffman, R. (2003). 'Work-arounds, Make-work' and 'Kludges'. *IEEE Intelligent Systems* (Nov./Dec.), 70–75.

Loukopoulos, L.D., Dismukes, R.K. and Barshi, I. (2009). *The Multitasking Myth: Handling complexity in real-world operations*. Farnham, UK: Ashgate.

Lundberg, J. and Rankin, A. (2014). Resilience and vulnerability of small flexible crisis response teams: implications for training and preparation. *Cognition, Technology & Work*, 16(2), 143–155.

Lundberg, J., Törnqvist, E. and Nadjm-Tehrani, S. (2012). Resilience in Sensemaking and Control of Emergency Response. *International Journal of Emergency Management*, 8(2), 99–122.

Mumaw, R., Roth, E., Vicente, K. and Burns, C. (2000). There is More to Monitoring a Nuclear Power Plant than Meets the Eye. *Human Factors*, 42(1), 36–55.

Mumaw, R., Sarter, N., & Wickens, C. (2001). Analysis of Pilots Monitoring and Performance on an Automated Flight Deck. *In Proceedings of the 11th International Symposium on Aviation Psychology*. Colombus, OH.

Nemeth, C.P., Cook, R.I. and Woods, D.D. (2004). The Messy Details: Insights From the Study of Technical Work in Healthcare. *IEEE Transactions on Systems, Man, and Cybernetics – Part A: Systems and Humans*, 34(6), 689–92.

Nemeth, C.P., Nunnally, M., O'Connor, M.F., Brandwijk, M., Kowalsky, J. and Cook, R.I. (2007). Regularly irregular: how groups reconcile cross-cutting agendas and demand in healthcare. *Cognition, Technology & Work*, 9(3), 139–48.

Patterson, E.S., Roth, E.M., Woods, D.D., Chow, R. and Gomes, J.O. (2004). Handoff strategies in settings with high consequences for failure: lessons for health care operations. *International Journal for Quality in Health Care*, 16(2), 125–32.

Rankin, A., Dahlbäck, N. and Lundberg, J. (2013). A case study of factor influencing role improvisation in crisis response teams. *Cognition, Technology & Work*, 15(1), 79–93.

Rankin, A., Lundberg, J., Woltjer, R., Rollenhagen, C. and Hollnagel, E. (2014). Resilience in Everyday Operations: A Framework for Analyzing Adaptations in High-Risk Work. *Journal of Cognitive Engineering and Decision Making*, 8(1), 78–97.

Reason, J. (1997). *Managing the Risks of Organizational Accidents*. Burlington, VT: Ashgate.

Simon, H. (1969). *The Sciences of the Artificial*. Cambridge, MA: MIT Press.

Watts-Perotti, J. and Woods, D.D. (2007). How Anomaly Response Is Distributed Across Functionally Distinct Teams in Space Shuttle Mission Control Background: Overview of Anomaly Response. *Human Factors*, 1(4), 405–33.

Woods, D.D. (1993). The Price of Flexibility. *Knowledge-Based Systems*, 6, 1–8.

Woods, D.D. and Dekker, S.W.A. (2000). Anticipating the Effects of Technological Change: A New Era of Dynamics for Human Factors. *Theoretical Issues in Ergonomic Science*, 1(3), 272–82.

Woods, D.D., Dekker, S.W.A, Cook, R., Johannesen, L. and Sarter, N. (2010). *Behind Human Error* (*2nd ed.*). Aldershot, UK: Ashgate.

Akinori Komatsubara(小松原 明哲)(第 7 章)

Hollnagel, E. (1993). *Human Reliability Analysis: Context and Control*. UK: Academic Press.

Hollnagel, E. (2009). *The ETTO Principle: Efficiency-Thoroughness Trade-off, Why Things That Go Right Sometimes Go Wrong*. UK: Ashgate.

Hollnagel, E. (2011). Prologue: The Scope of Resilience Engineering, In E. Hollnagel, J. Paries, D.D. Woods and J. Wreathall (eds), *Resilience Engineering in Practice: A guidebook*. UK: Ashgate.

Hollnagel, E. (2012a). Resilience Health Care From Safety I to Safety II, *presentation slides at Resilient Health Care Network Tutorial, June 3, 2012*.

Hollnagel, E. (2012b). *FRAM: The Functional Resonance Analysis Method: Modeling complex socio-technical systems*, UK: Ashgate.

JTSB (2002). Japan Airlines Flight 907 and Japan Airlines Flight 958, A Near Midair Collision over the sea off Yaizu City, Shizuoka Prefecture, Japan at about 15:55 JST January 31, 2001, *Aircraft Accident Investigation Report No. 2003-5*.

Komatsubara, A. (2006). Human Defense-in-depth is Dependent on Culture. *Proceedings of the Second Resilience Engineering Symposium*, 165–72.

Komatsubara, A. (2008a). When Resilience does not work. In E. Hollnagel, C.P. Nemeth, S. Dekker (eds), *Remaining Sensitive to the Possibility of Failure*.UK: Ashgate, 79–90.

Komatsubara, A. (2008b). Encouraging People to do Resilience, *Proceedings of the Third Resilience Engineering Symposium 2008*, 141–7.

Komatsubara, A. (2011). Resilience Management System and Development of Resilience Capability on Site-Workers, *Proceedings of the fourth Resilience Engineering Symposium 2011* (pp. 148–54).

Alexander Cedergren(第 8 章)

Birkland, T.A. and Waterman, S. (2009). The Politics and Policy Challenges of Disaster Resilience. In C. P. Nemeth, E. Hollnagel and S. Dekker (eds), *Resilience Engineering Perspectives, Volume 2: Preparation and Restoration*. Farnham: Ashgate Publishing Limited, 15–38.

Cedergren, A. (2011). Challenges in Designing Resilient Socio-technical Systems: A Case Study of Railway Tunnel Projects. In E. Hollnagel, E. Rigaud and D. Besnard (eds), *Proceedings of the fourth Resilience Engineering Symposium.* Sophia Antipolis, France: Presses des MINES, 58–64.

Cedergren, A. (2013). Designing resilient infrastructure systems: a case study of decision-making challenges in railway tunnel projects. *Journal of Risk Research.* doi:10.1080/13 669877.2012.726241.

De Bruijne, M., Boin, A. and Van Eeten, M. (2010). Resilience: Exploring the Concept and Its Meanings. In A. Boin, L.K. Comfort and C.C. Demchak (eds), *Designing Resilience: Preparing for extreme events.* Pittsburgh: University of Pittsburgh Press, 13–32.

Dekker, S. (2006). *The Field Guide to Understanding Human Error.* Aldershot: Ashgate Publishing Limited.

Hale, A. and Heijer, T. (2006). Is Resilience Really Necessary? The Case of Railways. In E. Hollnagel, D.D. Woods and N. Leveson (eds), *Resilience Engineering: Concepts and precepts.* Aldershot: Ashgate Publishing Limited, 125–47.

McDonald, N. (2006). Organizational Resilience and Industrial Risk. In E. Hollnagel, D.D. Woods and N. Leveson (eds), *Resilience Engineering: Concepts and precepts.* Aldershot: Ashgate Publishing Limited, 155–80.

Mendonça, D. (2008). Measures of Resilient Performance. In E. Hollnagel, C.P. Nemeth and S. Dekker (eds), *Resilience Engineering Perspectives: Remaining Sensitive to the Possibility of Failure* (Aldershot: Ashgate Publishing Limited, Vol. 1, 29–47.

Van Asselt, M.B.A. and Renn, O. (2011). Risk governance. *Journal of Risk Research,* 14(4), 431–49.

Vaughan, D. (1996). *The Challenger Launch Decision: Risky Technology, Culture, and Deviance at NASA.* Chicago: The University of Chicago Press.

Woods, D.D. (2003). Creating Foresight: How Resilience Engineering Can Transform NASA's Approach to Risky Decision Making. Testimony on The Future of NASA for Committee on Commerce, Science and Transportation. John McCain, Chair, October 29, 2003. Washington DC.

Woods, D.D. (2006). Essential Characteristics of Resilience. In E. Hollnagel, D.D. Woods and N. Leveson (eds), *Resilience Engineering: Concepts and precepts.* Aldershot: Ashgate Publishing Limited, 21–34.

Woods, D.D., Schenk, J. and Allen, T.T. (2009). An Initial Comparison of Selected Models of System Resilience. In C.P. Nemeth, E. Hollnagel and S. Dekker (eds), *Resilience Engineering Perspectives, Volume 2: Preparation and restoration.* Farnham: Ashgate Publishing Limited, 73–94.

Johan Bergström, Eder Henriqson, Nicklas Dahlström（第 9 章）

Airlines International. (April 2012). Training – man and machine, IATA, Accessed from http://www.iata.org/publications/airlines-international/april-2012/Pages/training.aspx on March 11, 2013.

Ashby, W.R. (1959). Requisite variety and its implications for the control of complex systems, *Cybernetica*, 1, 83–99.

Bergström, J. (2012). Escalation: Explorative studies of high-risk situations from the theoretical perspectives of complexity and joint cognitive systems. Doctoral dissertation, Lund: Media-Tryck.

Bergström, J., Dekker, S.W.A., Nyce, J. M. and Amer-Wåhlin, I. (2012). The social process of escalation: A promising focus for crisis management research. *BMC Health Services Research*, 12(1), 161. doi:10.1186/1472-6963-12-16.

Bergström, J., Dahlström, N., Dekker, S.W.A. and Petersen, K. (2011). Training organizational resilience in escalating situations. In E. Hollnagel, J. Pariès, D.D. Woods and J. Wreathall (eds), *Resilience Engineering in Practice: A guidebook*. Farnham, Surrey, England: Ashgate Publishing Limited, 45–57.

Bergström, J., Dahlström, N., Henriqson, E. and Dekker, S.W.A. (2010). Team coordination in escalating situations: an empirical study using mid-fidelity simulation. *Journal of Contingencies and Crisis Management*, 18(4).

Cilliers P. (1998). *Complexity and Postmodernism: Understanding complex systems*. London: Routledge.

Cilliers, P. (2005). Complexity, Deconstruction and Relativism. *Theory Culture & Society*, 22(5), 255–67.

Cook, R.I., Render, M. and Woods, D.D. (2000). Gaps in the continuity of care and progress on patient safety. *British Medical Journal*, 320:7237, 791–4.

Dahlström, N., Dekker, S. W. A., van Winsen, R., & Nyce, J. (2009). Fidelity and validity of simulator training. *Theoretical Issues in Ergonomics Science*, 10(4), 305–314. doi:10.1080/14639220802368864

Dekker, S.W.A. (2005). *Ten Questions about Human Error*. Aldershot, UK: Ashgate.

Dekker, S.W.A. (2011). *Drift into Failure: From hunting broken components to understanding complex systems*. Aldershot, UK: Ashgate.

Dekker, S., Bergström, J., Amer-Wåhlin, I. and Cilliers, P. (2012). Complicated, complex, and compliant: Best practice in obstetrics. *Cognition, Technology & Work*. doi:10.1007/s10111-011-0211-6.

European Aviation Safety Agency (2012). Terms of Reference – ToR RMT.0411 (OPS.094) Issue 2 Cologne, Germany: EASA.

Flin, R., O'Connor, P. and Crichton, M. (2008). *Safety at the Sharp End, A guide to non-technical skills*. Aldershot: Ashgate Publishing Company.

参考文献 **193**

Henriqson, E., Saurin, T.A. and Bergström, J. (2010). Coordination as distributed and situated cognitive phenomena in aircraft cockpits. *Aviation in Focus*, 01, 58–76.

Hollnagel, E. (2011). The Scope of Resilience Engineering. In E. Hollnagel, J. Pariès, D.D. Woods and J. Wreathall (eds), *Resilience Engineering in Practice: A guidebook*. Farnham, Surrey, England: Ashgate Publishing Limited, xxix–xxxix.

Hollnagel, E. and Woods, D.D. (2005). *Joint Cognitive Systems: Foundations of cognitive systems engineering*. Boca Raton, FL: Taylor & Francis.

Hutchins, E. (1995a). How a cockpit remembers its speeds. *Cognitive Science*, 19, 265–88.

Hutchins, E. (1995b). *Cognition in the Wild*. Cambridge, MA: MIT Press.

Klein, G., Feltovich, P.J., Bradshaw, J.M. and Woods, D.D. (2005). Common ground and coordination in joint activity. In W. Rouse and K. Boff (eds), *Organizational Simulation*. New York: John Wiley & Sons.

Neisser, U. (1976). *Cognition and Reality*. San Francisco: W.H. Freeman.

Nyssen, A.S. (2011). From Myopic Coordination to Resilience in Socio-technical Systems: A Case Study in a Hospital. In E. Hollnagel, J. Pariès, D.D. Woods and J. Wreathall (eds), *Resilience Engineering in Practice: A guidebook*. Farnham, Surrey, England: Ashgate Publishing Limited, 219–35.

Palmqvist, H., Bergström, J. and Henriqson, E. (2011). How to assess team performance in terms of control: A cognitive systems engineering approach. *Cognition Technology & Work*, 14(4), 337–53. doi:10.1007/s10111-011-0183-6.

UK Civil Aviation Authority (2012). Monitoring Matters - Guidance on the Development of Pilot Monitoring Skills. CAA Paper 2013/02. West Sussex UK: UK CAA.

Voss, W. (2012). Evidence Based Training. *AeroSafety World Magazine*, Flight Safety Foundation, accessed from: http://flightsafety.org/aerosafety-world-magazine/nov-2012/evidence-based-training on 11 March 2013.

Woods, D.D. (2003). Discovering how distributed cognitive systems work. In E. Hollnagel (ed.), *Handbook of Cognitive Task Design*. Hillsdale, NJ: Lawrence Erlbaum Associates, 37–54.

Elizabeth Lay, Matthieu Branlat（第 10 章）

Cook, R. (2012). Why resilience matters? Presentation at University of BC School of Population and Public Health Learning Lab, 7 May 2012.

Cook, R.I. and Nemeth, C. (2006). Taking Things in One's Stride: Cognitive Features of Two Resilient Performances. In E. Hollnagel, D.D. Woods and N. Leveson (eds), *Resilience Engineering: Concepts and precepts*. Aldershot, UK: Ashgate, 205–21.

De Meyer, A., Loch, C.H. and Pich, M.T. (2002). Managing Project Uncertainty: From Variation to Chaos, *MIT Sloan Management Review*, Winter Vol., 60–67.

Hollnagel, E. (2009). *The ETTO Principle: Efficiency-Thoroughness Trade-Off-Why*

Things That Go Right Sometimes Go Wrong. Farnham, UK: Ashgate.

Hollnagel, E. (2012). How do we recognize resilience? Presentation at University of BC School of Population and Public Health Learning Lab, 7 May 2012.

Hong, L. and Page, S. (2004). Groups of diverse problem solvers can outperform groups of high-ability problem solvers. *PNAS*, 101(46), 16385–9.

Lay, E. (2011). Practices for Noticing and Dealing with the Critical. A Case Study from Maintenance of Power Plants. In E. Hollnagel, J. Pariès, D.D. Woods and J. Wreathall (eds), *Resilience Engineering in Practice*. Farnham, UK: Ashgate, 127–44.

Platt, M.L. and Huettel, S.A. (2008). Risky business: the neuroeconomics of decision making under uncertainty. *Nature Neuroscience*, 11, 398–403.

Taleb, N.N. (2010). *The Black Swan. 2nd edition.* London: Random House.

Weick, K.E. and Sutcliffe, K.M. (2001). *Managing the Unexpected: Assuring high performance in an age of complexity (1st ed.).* San Francisco, CA: Jossey-Bass.

Westrum, R. (1993). Thinking by groups, organizations, and networks: A sociologist's view of the social psychology of science and technology. In W. Shadish and S. Fuller (eds), *The Social Psychology of Science.* New York: Guilford, 329–32.

Woods, D.D. (2006). Essential characteristics of resilience. In E. Hollnagel, D.D. Woods and N. Leveson (eds), *Resilience Engineering: Concepts and precepts.* Aldershot, UK: Ashgate, 19–30.

Woods, D.D. and Branlat, M. (2010). Hollnagel's test: being 'in control' of highly interdependent multi-layered networked systems. *Cognition, Technology & Work*, 12 (2), 95–101.

Woods, D.D. and Branlat, M. (2011). Basic Patterns in How Adaptive Systems Fail. In E. Hollnagel, J. Pariès, D.D. Woods and J. Wreathall (eds), *Resilience Engineering in Practice.* Farnham, UK: Ashgate, 127–44.

Woods, D.D. and Wreathall, J. (2008). Stress-strain Plot as a Basis for Addressing System Resilience. In E. Hollnagel, C.P. Nemeth and S.W.A. Dekker (eds), *Resilience Engineering Perspectives: Remaining sensitive to the possibility of failure.* Adelshot, UK: Ashgate, 143–58.

Wreathall, J. and Woods, D.D. (2008). *The Stress-Strain Analogy of Organizational Resilience. Remaining Sensitive to the Possibility of Failure.* In E. Hollnagel, C. Nemeth and S. Dekker, *Resilience Engineering Perspectives: Remaining sensitive to the possibility of failure.* Burlington, VT, Ashgate Publishing Co.

David Mendonça(第 11 章)

Borgman C.L., Wallis J.C. and Enyedy N. (2007). Little Science Confronts the Data Deluge: Habitat Ecology, Embedded Sensor Networks, and Digital Libraries. *International Journal on Digital Libraries*, 7(1), 17–30.

参考文献　**195**

Bryman A. (2012). *Social Research Methods*. Oxford, UK: Oxford University Press. Buchanan DA.

Bryman A. (2007). Contextualizing Methods Choice in Organizational Research. *Organizational Research Methods*, 10(3), 483–7, 89–501.

Butts C. (2007). Responder Communication Networks in the World Trade Center Disaster: Implications for Modeling of Communication within Emergency Settings. *The Journal of Mathematical Sociology*, 31(2), 121–47.

Committee on Disaster Research in the Social Sciences: Future Challenges and Opportunities. (2006). Facing Hazards and Disasters: Understanding Human Dimensions. Washington, DC: The National Academies Press.

Dietze M.C., LeBauer D.S. and Kooper R. (2013). On Improving the Communication between Models and Data. *Plant, Cell & Environment*, forthcoming.

Dombrowsky W.R. (2002). Methodological Changes and Challenges in Disaster Research: Electronic Media and the Globalization of Data Collection'. In R.A. Stallings (ed.), *Methods of Disaster Research*. Philadelphia, PA: Xlibris Corporation, 302–19.

Drabek, T.E. (2002). Responding to High Water: Social Maps of Two Disaster-Induced Emergent Multiorganizational Networks. Western Social Science Association, Albuquerque, NM, 2002.

Drabek T.E. and Haas, J.E. (1969). Laboratory Simulation of Organizational Stress. *American Sociological Review*, 34(2), 223–38.

Drabek T.E. and McEntire D.A. (2002). Emergent Phenomena and Multiorganizational Coordination in Disasters: Lessons from the Research Literature. *International Journal of Mass Emergencies and Disasters*, 20(2), 197–224.

Jick, T.D. (1979). Mixing Qualitative and Quantitative Methods: Triangulation in Action. *Administrative Science Quarterly*, 24(Dec.), 602–59.

Klein H.K. and Myers, M.D. (1999). A Set of Principles for Conducting and Evaluating Interpretive Field Studies in Information Systems. *MIS Quarterly*, 23(1), 67–94.

Langewiesche, W. (2002). *American Ground: Unbuilding the World Trade Center*. New York.

Meyerowitz, J. (2006). *Aftermath: World Trade Center Archive*. Phaidon.

Murthy, D. (2008). Digital Ethnography: An Examination of the Use of New Technologies for Social Research. *Sociology*, 42(5), 837–55.

Myers M.F. (ed.) (2003). Beyond September 11th: An Account of Post-Disaster Research. Boulder, CO: Natural Hazards Research and Applications Information Center, University of Colorado.

Orlikowski W.J. and Baroudi, J.J. (1991). Studying Information Technology in Organizations: Research Approaches and Assumptions. *Information Systems Research*, 2(1), 1–28.

Quarantelli, E.L. (1996). Emergent Behavior and Groups in the Crisis Time of Disasters. In K.M. Kwan (ed.), *Individuality and Social Control: Essays in Honor of Tamotsu Shibutani*. Greenwich, CT: JAI Press, 47–68.

Savage, M. and Burrows, R. (2007). 'The Coming Crisis of Empirical Sociology. *Sociology*, 41(5), 885–99.

Savage, M. and Burrows, R. (2009). Some Further Reflections on the Coming Crisis of Empirical Sociology. *Sociology*, 43(4), 762–72.

Simmel, G. (1903). The Metropolis and Mental Life. *The Urban Sociology Reader*, 23–31.

Summerfield, P. (1985). Mass-Observation: Social Research or Social Movement? *Journal of Contemporary History*, 20(3), 439–52.

Tamaro, G.J. (2002). World Trade Center 'Bathtub': From Genesis to Armageddon. *The Bridge*, 32(1), 11–17.

Tierney, K.J. (2007). From the Margins to the Mainstream? Disaster Research at the Crossroads. *Annual Review of Sociology*, 33(1), 503–25.

Vidaillet, B. (2001). Cognitive Processes and Decision Making in a Crisis Situation: A Case Study. In TK Lant, Z Shapira (eds), *Organizational Cognition: Computation and interpretation*. Mahwah, NJ: Lawrence Erlbaum Associates, 241–63.

Walsham, G. (1995). Interpretive Case Studies in Is Research: Nature and Method. *European Journal of Information Systems*, 4(2), 74–81.

Weick, K.E. (1985). Systematic Observational Methods. In G. Lindzey and E. Aronson (eds), *Handbook of Social Psychology*. New York: Random House, 567–634.

Welbank, M. (1990). An Overview of Knowledge Acquisition Methods. *Interacting with Computers*, 2(1), 83–91.

Willcock, H.D. (1943). Mass-Observation. *American Journal of Sociology*, 48(4), 445–56.

Wright, G. and Ayton, P. (1987). Eliciting and Modelling Expert Knowledge. *Decision Support Systems*, 3(1), 13–26.

York, R. and Clark, B. (2006). Marxism, Positivism, and Scientific Sociology: Social Gravity and Historicity. *Sociological Quarterly*, 47(3), 425–50.

Erik Hollnagel(第 12 章)

Amalberti, R. (2013). *Navigating safety. Necessary compromises and trade-offs – Theory and practice*. Dordrecht: Springer Verlag.

American National Standards Institute (ANSI). (2011). Prevention through design. Guidelines for addressing occupational hazards and risks in design and redesign processes (ANSI/ASSE Z590.3 – 2011). Des Plaines, IL: American Society of Safety Engineers.

Australian Radiation Protection and Nuclear Safety Agency (ARPANSA). (2012). Holistic safety guidelines, v1 (OS-LA-SUP-240U). Melbourne, Australia.

参考文献 **197**

Choudhry, R.M., Fang, D. and Mohamed, S. (2007). The nature of safety culture: A survey of the state-of-the-art. *Safety Science*, 45(10), 993–1021.

Guldenmund, F.W. (2000). The nature of safety culture: A review of theory and research. *Safety Science*, 34, 215–57.

Hale, A.R. and Hovden, J. (1998). Management and culture: The third age of safety. In A-M. Feyer and A. Williamson (eds), *Occupational Injury: Risk, Prevention and Intervention*. London: Taylor and Francis, 129–66.

Hollnagel, E. (2009). *The ETTO principle: Efficiency-Thoroughness Trade-Off. Why things that go right sometimes go wrong*. Farnham, UK: Ashgate.

Hollnagel, E. (2011). Epilogue: RAG – The resilience analysis grid. In E. Hollnagel et al. (eds), *Resilience Engineering in Practice: A guidebook*. Farnham, UK: Ashgate.

Hollnagel, E. (2014). *Safety-I and Safety-II. The past and future of safety management*. Farnham, UK: Ashgate.

Hollnagel, E. et al. (eds) (2011). *Resilience Engineering in Practice: A guidebook*. Farnham, UK: Ashgate.

Hollnagel, E., Woods, D.D. and Leveson, N. (eds) (2006). *Resilience Engineering: Concepts and precepts*. Farnham, UK: Ashgate.

Hopkins, A. (2006). Studying organisational cultures and their effects on safety. *Safety Science*, 44, 875–89.

Hudson, P. (2007). Implementing a safety culture in a major multi-national. *Safety Science*, 45, 697–722.

INSAG-1 (1986). Summary Report on the Post-Accident Review Meeting on the Chernobyl Accident Report by the International Nuclear Safety Advisory Group (STI/PUB/740). Wien: International Atomic Energy Agency.

Joy, J. and Morrell, A. (2012). *Operational Management Processes Manual*. University of Queensland: SMI Minerals Industry Safety and Health Centre.

Nemeth, C.P., Hollnagel, E. and Dekker, S. (eds) (2009). *Resilience Engineering Perspectives, Volume 2. Preparation and restoration*. Farnham, UK: Ashgate.

Parker, D., Lawrie, L. and Hudson, P. (2006). A framework for understanding the development of organisational safety culture. *Safety Science*, 44, 551–62.

Reason, J.T. (1990). *Human Error*. Cambridge: Cambridge University Press.

Roberts, K.H. (1990). Some characteristics of one type of high-reliability organization. *Organization Science*, 2, 160–176.

索　引

［英数字］

4つの能力　vii, 4, 33, 45, 51, 61, 80, 121
Blayais 原子力発電所　52
COCOM（contextual control model）　96
common development approach　172
criticality creep　42
CRM（crew resource management）　14
DICT　21
EBT　123
ETTO の原理（Efficiency-Thoroughness Trade-off）　98
FMEA（Failure Mode and Effects Analysis）　vii
FRAM　100, 101
generative　169
HAZOP（Hazard and Operability Study）　vii
HRO（High Reliability Organization）　145
　——の原則　139, 145
IAEA　170, 171
JCO 社臨界事故　98
LTS（Large Technical System）　15
PDCA サイクル　105
RAG（Resilience Analysis Grid）　iii, vii, 174, 179
Safety-I　56, 95, 173
Safety-II　46, 56, 95, 173
SPMS（Safety Performance Measurement System）　61, 62, 63, 64, 68, 70, 74
　——評価　62
TCAS　100, 105
TCAS-RA（resolution advisory）　105
To Err is Human　104

WAD　29, 77, 91
WAI　29, 77, 91
What-if（もし〜だったらどうなるか）型質問　162

［ア　行］

アイソレーションコンデンサー（IC）　53
曖昧さ（ambiguity）　135
アウトカム（outcome）　71, 77, 131, 167
アクティブ機能　4
圧力（forces）　78
後知恵（hindsight）　102
　——バイアス　82
安全活動率（Percentage of Safety Activities Concluded）　68
安全上重要な作業（safety-critical work）　124
安全性と持続可能性　1, 2, 3
安全性と生産性のトレードオフ　73
安全パフォーマンス　75
　——測定システム（Safety Performance Measurement System）　v, 61
安全文化　168, 169, 170, 171, 172, 174
安全マネジメント　75, 79, 169
　——システム　v, 72, 105, 106
　——プロセス　93
　——モデル　105
意思決定プロセス　110, 111, 114
一次，二次の弾性応答（resilient response）概念　36
一般化機能　4, 5, 6, 7
一般人のレジリエンス　101
移動効果（migrating effect）　78
インタビュー　17, 18, 27

影響度をアセスメントする　5
エビデンスの根拠（source of evidence）
　68, 75
エビデンスベース訓練（EBT）　123
欧州航空安全機関（European Aviation
　Safety Agency）　123
穏やかな劣化（graceful degradation）
　138
オッカムの剃刀　50
オーバーサイト　xiv

[カ 行]

階層間（cross-level）の相互作用　41
解体作業（demolition）　152
外部からの干渉　15, 17, 18, 20, 23, 24,
　29
学習する（learning）　vii, 4, 6, 33, 45, 51,
　173
学習能力　80
過酷事故　53, 54, 55, 56
　——マネジメント　52, 57
ガス輸送ネットワーク　15
瓦礫撤去　vi, 147, 151, 160
　——用トラック　150
簡易登録（quick registration）　36
監視する（monitoring）　vii, 4, 5, 6, 33,
　45, 51, 125, 173
監視能力　80, 124
緩衝能力　161
完全性と使いやすさのトレードオフ
　64, 74
管理監督組織　103
機会主義的（opportunistic）　160
機会主義的または混乱状態制御モード
　（opportunistic or scrambled control
　mode）　96
危機対応チーム（crisis command team）
　v, 83

気候変動への適応　8, 11
記述（description）　iv, 13, 26, 29
技術的脅威　94
技術的システム　71
技術的レジリエンス　95
記述論的アプローチ　58
犠牲としての火あぶり（sacrificial firings）
　38
犠牲を伴う決定　xv
北澤報告書　47
機能共鳴型事故　98, 103
機能主義的アプローチ　127
機能調整能力　123
機能特性（aspect）　8
機能不全　175
業務上不可欠な（mission-critical）状況
　42
業務負荷　85
局所的に合理的（locally rational）　82
許容性（tolerance）　138
緊急対応チーム（incident command team）
　36
緊急対応システム（incident command
　system：ICS）　36
食い違う目的の下での活動　134
グッドプラクティス　72
クライシスコミュニケーション　50
クライシスマネジメント　50
グラウンド・ゼロ　147, 150, 160
グラップラ　153, 155, 158, 162
クレーンマップ　153, 156
黒川報告書　47, 55
訓練指数　68
訓練プログラム　125
経時的な適応　78
形態（form）　8
厳格性（rigidity）　123
権限の共有方式　55, 56

索　引　**201**

原子力安全委員会(NSC)　47, 52
原子力安全・保安院(NISA)　47, 51, 52,
　54, 55, 56
現場サイド(sharp-end)　77, 78, 121
　──の適応　v, 87
現場の認知(cognition in the wild)　23
高圧ガス輸送ネットワーク　iv, 15, 29
高可用性コンピューティング(high
　availability computing)　35
好機と脆弱性のバランス　82
公式の意思決定プロセス　116
高信頼性組織(HRO)　14, 131, 132, 173
行動指標　122
行動分析　122
高リスク産業におけるチーム訓練　vi
効率性と完全性のトレードオフ　41, 64
異なるレベル間での相互作用　vi
異なるレベル間の関係性　109
コミットメント　70, 71
コンプライアンス　56, 70, 71
根本的な学習　32
根本的なサプライズ　31, 32, 33, 34, 37,
　39, 40, 43
混乱(scrambled)モード　53

　　　　　[サ　行]

再概念化　xiii
災害リスク　11
　──マネジメント　8
サイバー攻撃　95
サイバネティクスアプローチ　127
作業の安定性(stability)　122
搾取的な適応　34, 36
搾取的利用(exploitation)　36
サステイナビリティ学　2, 3
サービス対象による脅威　94
サプライズ(surprise)　iv, 31, 132, 139
産科病棟のチーム　83

参与観察　17
支援サイド(blunt-end)　77, 78, 82
刺激の反応の組合せ　122
事後(retrospective)　79
思考停止状態(mindset)　52
事故影響緩和　49
事故調査　iv, 45, 49, 168
　──報告書　46
事故発生確率　68
事故発生率　70
事前(proactive)　79
自然の驚異　94
自走式ショベル　150
実際になされる業務(work as done)
　29, 77, 91
実践レジリエンスエンジニアリング　iii,
　xi
失敗パターン　134
社会技術システム(socio-technical
　systems)　vi, vii, xii, 2, 63, 71, 93, 94,
　105, 109, 111, 116
　──のレジリエンス　109
社会的脅威　94
社会的レジリエンス(societal resilience)
　iv, 1, 2, 3, 4, 7, 8, 11, 12
集合的マインドフルネス(collective
　mindfulness)　21
縦断的相互干渉　117
柔軟性(flexibility)　138
手段的価値(instrumental value)　178
状況制御モデル(Contextual Control
　Model)　127
状況的な学習　32
状況的なサプライズ　31, 32, 33, 34, 37,
　39, 44
状況に合わない行動への固執　134
状況認識(situational awareness)　127
承認問題　38

情報技術(IT)　31
　──システム　35
情報提供の要請(DR)　20
職業人としてのレジリエンス　101
ショット　153
　──数　159
心身の健康　96
深層防護　20, 47, 49, 55, 56, 57
人的脅威　94
心的姿勢(attitude)　178
人的・物的リソース　8
ステークホルダー　8
スペースシャトル・チャレンジャー号の爆
　発　168
スラリー壁　151, 153, 159, 161, 162
スリーマイル島原子力発電所事故　168
生産活動率(Percentage of Production
　Activities Completed)　68
生産性と安全性のトレードオフ　xv
脆弱性(brittleness)　vi, 77, 78, 79, 80,
　84, 89, 91, 131, 139, 145
世界貿易センタービルへのテロ攻撃
　147, 148
施工停止の回数　70
説明責任(accountability)　51
説明能力(アカウンタビリティ)　v
線形因果モデル　50, 57
センサー(sensors)　147
センスメーキング　12, 78, 82, 143
全体的(holistic)　10
全体的(wholesale)変化　177
選択的措置(elective procedure)　35
専門知識・技能　23, 24, 25
操作化(operationalization)　1, 62
操作化(operationalized)　124
操作的(operationally)　179
想定される業務(work as imagined)
　29, 77, 91

創発的　7
　──な性質(emergent properties)
　124
即時(real-time)　79
即時的(acute)　78
促進要因(enabler)　79
組織的なドリフト(drift)　31
組織的なパフォーマンス　154, 161
組織的レジリエンス　37, 151, 162

[タ　行]

第一の物語(first stories)　32, 51, 58
大規模技術システム(large technical
　system)　13, 16
対処する(responding)　vii, 4, 6, 33, 45,
　52, 125, 173
対処能力　80, 124
対処法(prescription)　iv, 13, 26, 28, 29
態度　97
第二の物語(second stories)　32, 45, 46,
　51
大量観測研究(mass observation studies)
　148
高い業務負荷　87
多数傷病者事故(mass casualty incident：
　MCI)　36
多数の中核をもつ制御構造(poly-centric
　control architecture)　40
たまたまつくられたシステム(accidental
　systems)　42
探索(exploration)　36
探索的適応　34, 36
タンザニア災害管理局(DMD)　8
チェルノブイリ原子力発電所事故　168
知識の利用可能性　80
中長期的(chronic)　78
常に警戒を忘れない心(a constant sense of
　unease)　52, 57, 179

索 引 **203**

適応システムが失敗する3つの基本パターン　133

適応失敗の基本パターン　vi

適応する(adapting)　6, 7

適応的パフォーマンス　79

適応の影響可能性(potential adaptation reverberations)　79

テクニカルスキル　96

鉄道トンネルプロジェクト　vi, 110, 111, 112, 115

東京電力(TEPCO)　47, 51, 52, 54, 55, 56

東京電力福島第一原子力発電所事故　45, 46, 97

透明性　51

土木工事(UMCE)　15

トライアンギュレート(triangulate)　147

トレードオフ　21, 22, 78, 123

[ナ 行]

ニア・ヒストリー　43

ニアミス事故　100

ニアミス発生確率　68

ニアミス発生頻度　70

ニューヨーク市設計・建設部(DDC)　152

人間工学　14

認識する(recognizing)　5, 6, 7

ノンテクニカルスキル　96

[ハ 行]

畑村報告書　47, 49, 50

バッファー　36
　——能力　3, 138

ハードウェア障害　35, 37

パフォーマンス指標　75

パフォーマンス測定　61, 75
　——測定システム　61

バリア　89

半構造化インタビュー　110

非公式の意思決定プロセス　116

微弱なシグナル　79

ビッグデータ　148

必要な想像力(requisite imagination)　xiii, 34

ヒューマンエラー　168

ヒューマンファクター　167

ヒューマンファクターズのレジリエンス　95

開かれたシステム　25

ピング　140
　——計画　140, 141

ファイアウォール　95

ファシリテーター　139, 145

フィードバック　127

フィードフォワード　127

フォーカスグループインタビュー　8, 10

不確実さ(uncertainty)　135

複合的な制御構造(mixed control architecture)　38

複合認知作業(joint cognitive work)　126, 128

複合認知システム(joint cognitive system)　126, 127

複雑性理論　124, 128

複雑適応性(Complex Adaptive Systems)　133

プロアクティブ　6, 11, 168
　——機能　4, 5

プロジェクト開始の宣言(DICT)　20

プロフェッショナル　127, 128

分散化されたシステム　25

分散認知　121, 127

ベストプラクティス(優れた実践能力)

128

変動性　19, 23, 25, 135

　　──の概念　19

法的および制度的枠組み　8

補償不全　133

ボツワナ国家防災局(NDMO)　8

[マ 行]

マクロ認知　23

マドラス原子力発電所　52

学ぶこと　7

マルチメソッドアプローチ　149

満足化対応　22

メタ・モニタリング・メカニズム　71

[ヤ 行]

善きサマリア人の法　103

予見する(anticipating)　vii, 4, 6, 7, 33,
　45, 51, 173

予見能力　80

余裕(mergin)　138

[ラ 行]

リアクティブ　6, 11

　　──機能　4

リカバリータイム　149

リカバリーレベル　149

リスクアセスメント　5, 7, 114, 115, 134,
　135, 168

リスクベースのアプローチ(risk-based
　approach)　112

リスクマネジメント　116

良好事例ガイドライン　128

臨時に設置された(ad hoc)センサー
　147

例外処理機構(exception processor)　35

レジリエンス　63, 89, 145

　　──アプローチ　93

　　──エンジニアリング　iii, xi, xiv, 1,
　2, 62, 75, 109, 110, 111, 121, 125, 131,
　145, 149, 160, 168, 173

　　──エンジニアリング─概念と指針
　iii

　　──エンジニアリングの理論　129

　　──と脆弱性のパターン　136

　　──能力　80

　　──の概念　1

　　──のフィロソフィ　97

　　──への道筋　175, 176, 178

レジリエントシステムの設計　131

レジリエントな組織　177, 178

ローリング方式　153

執筆者略歴

Marcus Abrahamsson

　ルンド大学リスクマネジメントと社会的安全部門長，学術博士．研究の主な対象領域は，さまざまな状況でのレジリエンス強化を目的とする，リスク，脆弱性，許容力アセスメント手法の設計．学術ならびに教育分野での経験を統合して，災害時のリスクマネジメントのための国際的研究開発組織での仕事に統合中.

Per Becker

　ルンド大学准教授で，社会的レジリエンス研究センターのセンター長．研究・教育内容を，災害時のリスク低減，回復，相克解消に重点を置いた人道的支援と開発のための国際組織における経験に結び付けるかたちで実施．この種の活動に豊富な経験を有し，現在も安全で持続可能な世界をつくろうとしている国内組織や国際機関において活動を継続中．最近では，国際赤十字赤新月社連盟(IFRC)のダカール地域オフィスの地域的災害リスクマネジメントコーディネーター任務に従事．興味の対象は，持続可能性と社会変化，外乱，混乱，災害などに対する社会のレジリエント化方策，そのようなレジリエンス能力を創成し維持するための国際的ツールを通じた能力開発などの学際的研究．相克問題に対する市民の支援をつくり出し維持する際における，脆弱性の役割を研究することも関心の対象.

Johan Bergström

　ルンド大学リスクマネジメントと社会的安全部門准教授，学術博士．最近の研究は，世界中で地域的または国内的な政策の中に埋め込まれている社会的レジリエンスの概念．ただし，本書において担当した章の内容は，博士課程在学中に実施した，拡大していく状況下での組織レジリエンス研究結果の要約.

Matthieu Branlat

　オハイオ州 Springboro の 361 Interactive LLC 所属の研究者．認知システム工学について2011 年オハイオ州立大学から学術博士の学位を取得．関心の対象は，レジリエンスエンジニアリング，安全，意思決定，協働型作業などの研究領域．実際の研究プロジェクトは，都市消防活動，軍隊での救急活動，産業分野での保全活動，インテリジェンス分析，サイバーセキュリティ，患者の安全などの領域で実施.

Alexander Cedergren

　ルンド大学リスクマネジメントと社会的安全部門の研究者，学術博士．ルンド大学のリスクアセスメントおよびマネジメントセンターならびに社会的レジリエンスセンターにも所属．主な研究対象分野は，レジリエンスエンジニアリング，リスクガバナンス，事故調査，重要なインフラシステムの相互依存性と脆弱性の分析など.

Nicklas Dahlström

　エミレーツ航空のヒューマンファクター部門マネージャーとして，2007 年から勤務中．この役職において急速に拡大を続ける航空会社の CRM 訓練を指導するとともに，ヒューマンファクターの考え方を組織に統合する活動も分担．それ以前には，ルンド大学航空工学部で研究者ならびにインストラクター．主として航空や海運，原子力，医療などの分野における安全とヒューマンファクターに関連するプロジェクトで活動．研究対象領域は，航空分野におけるメンタルワークロード，訓練，シミュレーションなど．研究成果としてヒューマンファクターや CRM 訓練に関する研究報告や書籍（の一部の章）を執筆．また，12 カ国を超える国々で招待講演，講義，訓練などを実施．

Camila Campos Gómez Famá

　ブラジルの Instituto Federal de Educação, Ciência e Tecnologia da Paraíba(IFPB) [*1] の教授．土木エンジニアの資格を取得（2007 年），また建設マネジメント分野で修士の学位を取得（2010 年）．研究の中心テーマは建設作業の安全と起業活動．

Carlos Torres Formoso

　ブラジルの Federal University of Rio Grande do Sul(UFRGS)建設業務マネジメント分野の教授．土木工学で学士，建設マネジメントで修士，博士の学位を取得．カリフォルニア大学バークレイ校客員研究員（1999 ～ 2000 年）として，また英国サルフォード大学客員教授（2011 年）として勤務．主な研究領域は，生産計画と制御，リーン生産，パフォーマンス測定，安全マネジメント，公営住宅問題，バリューマネジメントなど．

Nicolas Herchin

　学術修士．パリの GDF SUEZ(フランスに基盤を置く電気事業者・ガス事業者)研究およびイノベーション部門で研究エンジニア・プロジェクトマネージャー．英国ケンブリッジ大学産業システム生産およびマネジメント部門を卒業後，2009 年から安全に関する人的・組織的要因分野のプロジェクトを主導．それに伴い，事業者グループのガス供給インフラ事業連合（輸送，貯蔵，LNG ターミナルなどを含む）と密接に連携して安全の向上についての業務を遂行．その過程ではレジリエンスエンジニアリング，安全文化，高信頼性組織などの分野で大学やフランスの研究機関と密接な協力関係を構築するとともにエネルギー産業に特化した専用ツールや対処方策の開発に従事．

Éder Henriqson

　ブラジルの Pontifícia Universidade Católica do Rio Grande do Sul 航空科学部准教授であると同時に，ルンド大学の客員教授．研究対象分野は組織安全，レジリエンスエンジニアリング，事故調査，認知システム工学など．

---

*1　直訳すればパライバ州に設置された教育・科学・工学に関する連邦研究所．

Erik Hollnagel

学術博士，南デンマーク大学教授ならびに南デンマーク地方品質向上センター主席コンサルタント，ニューサウスウエールズ大学(オーストラリア)客員フェロー，リンショッピン大学(スウェーデン)名誉教授．1971 年から現在まで，いくつもの国々の大学，研究機関，産業組織で，原子力発電，宇宙航空，航空管制，ソフトウェアエンジニアリング，医療，陸上輸送などの分野での研究業務に従事．研究対象分野は，産業安全，レジリエンスエンジニアリング，事故調査，システム的思考，認知システム工学など．250 編を超える研究論文の発表者であり，22 編の書籍の著者または編者．最近の書籍のタイトルは，*Safety-I and Safety-II*(Ashgate, 2014)，*Resilient Health Care*(Ashgate, 2013)，*The Functional Resonance Analysis Method*(Ashgate, 2012)．Ashgate 社の Studies in Resilience Engineering というシリーズ刊行物の主席編集者．

Masaharu Kitamura(北村 正晴)

テムス研究所(2012 年設立)の所長．東北大学工学部原子核工学科教員として 36 年間勤務．現在は東北大学名誉教授．研究対象分野は，原子力発電ならびに一般産業における計装と制御，ヒューマンファクター，組織安全，技術倫理など．また原子力リスクに関する市民対話，レジリエンスエンジニアリングなどの分野でも積極的な活動を展開中．

Akinori Komatsubara(小松原 明哲)

早稲田大学理工学術院経営システム工学科教授．生産管理工学と人間・コンピュータ相互作用の研究で学術博士の学位取得．産業安全，人間のパフォーマンス向上，認知的ユーザビリティ，ノンテクニカルスキル，それらのマネジメントシステムなどの分野で研究を推進．また航空会社，鉄道，原子力などの産業分野で安全アドバイザー役を担当．

Jean-christophe Le Coze

工学と社会科学を含む学際的基盤をもつ安全科学者．フランスの環境安全国立研究所 INERIS に勤務．研究活動においては，さまざまな安全が重要なシステムにおいて，エスノグラフィック手法やアクションリサーチプログラムを統合し，内容的には経験的，理論的，歴史的，認識論的方向性を包含．これらの研究からの成果をこれまでの 10 年間に定期的に刊行．

Elizabeth Lay

米国で最大の独立発電事業者であり米国とカナダに 90 を超える発電プラントを運用する Calpine Corporation(米国テキサス州ヒューストン市)のヒューマンパフォーマンス部門長．レジリエンスエンジニアリングに関する論文を著すとともに複数の書籍に寄稿．これまで 10 年にわたり運用リスクマネジメント分野の業務でエネルギー産業に勤務．機械工学の学位と認知科学の graduate certificate を取得．

Jonas Lundberg

　リンショッピン大学(スウェーデン)科学技術学部情報設計部門の先任講師．コンピュータ科学分野で2005年にリンショッピン大学から学術博士号を取得．研究対象分野は，リスクの大きい分野での情報設計，レジリエンスエンジニアリング，認知システム工学，人間と作業の相互作用設計など．

David Mendonça

　学術博士．レンセラー工科大学産業システム工学部准教授．研究分野は高リスクで時間的圧力の強い条件下，特に災害後の緊急対応時における個人的および組織的意思決定と，その背後にある認知プロセス．この種の研究では，研究室，現場，ならびに記録保管所からのデータに着目して，統計的ならびに計算処理用モデルや，対象領域における認知と学習を支援するシステムを導出．研究予算は米国国立科学財団から多数受託．マサチューセッツ大学から学士，カーネギーメロン大学から修士，レンセラー工科大学から学術博士の学位を取得．また，デルフト工科大学(オランダ)，リスボン大学(ポルトガル)客員研究員．

Christopher Nemeth

　学術博士．Applied Research Associates 社のカテゴリーIII主任研究員でグループリーダー．医療，輸送，製造業などを含む多様な応用分野を対象とした設計およびヒューマンファクターに関するコンサルティングを実施．コンサルタントとしてヒューマンファクターに関する分析や製品開発を実施するとともにヒューマンパフォーマンスに関する訴訟において専門家証人として貢献．複雑で高リスク条件下での技術的業務，個人認知・分散認知の研究手法，ならびに情報技術がシステムレジリエンスを強化あるいは劣化させる要件などが主たる研究対象領域．National Academy of Sciences の委員会メンバー．国際会議や学術誌への論文に加えて，*Human Factors Methods for Design*(Taylor and Francis/CRC Press, 2004)の著者．また，Ashgate Publishing 社から出版されている *Improving Healthcare Team Communication*(2008)，Resilience Engineering Perspectives Series 第1巻の *Remaining Sensitive to the Possibility of Failure*(2008)，第2巻の *Preparation and Restoration*(2009)などの編著者．

Amy Rankin

　リンショッピン大学コンピュータおよび情報システム学部認知システム部門の博士課程学生．リンショッピン大学から認知システム分野で Fil. Lic.[*2] を取得．研究分野はレジリエンスエンジニアリング，認知システム工学，安全文化，ヒューマンファクターなど．

Tarcisio Abreu Saurin

　ブラジル国ポルト・アレグレの Rio Grande do Sul 連邦大学(UFRGS)産業工学部教授．主な研究分野は複雑システムの安全マネジメント，レジリエンスエンジニアリング，リーン生

---

　*2　スウェーデンの学位で修士より上，博士より下．

産方式，生産マネジメントなど．これらのトピックスに関する研究者，研究コーディネーターとして，主として建設，発送電，製造業，航空，医療などのセクターで外部資金プロジェクトを実施．それらの研究成果を多数の学術論文や国際会議報告として出版．

Henrik Tehler
　ルンド大学リスクマネジメントと社会安全部門の准教授．専門分野はリスクガバナンス，災害リスク低減，社会安全，レジリエンスエンジニアリング，意思決定など．

Robert L. Wears
　医学博士，学術博士．フロリダ大学緊急医療学部教授．ロンドンインペリアルカレッジ医療安全研究ユニット客員教授．研究対象分野は，技術的作業研究，レジリエンスエンジニアリング，社会的運動としての患者安全など．主な著書や共編著として *Patient Safety in Emergency Medicine* および *Resilient Health Care*．また Erik Hollnagel, Jeffrey Braithwaite と編著した *Resilience in Everyday Clinical Work* は 2014 刊行予定[*3]．

L. Kendall Webb
　医学博士．フロリダ大学(フロリダ州ジャクソンビル)ヘルスシステムズ部門の医療情報担当副主任，医療情報部門副部長，救急医療および小児救急医療担当准教授．前職はワシントン DC の Raytheon/E-Systems 社で 10 年以上のキャリアをもつ上級ソフトウェア・システムエンジニア．専門分野はソフトウェアの実装と最適化を含むライフサイクルを視野に入れた開発と，システム応用．最近の応用例は，電子化医療記録，ユーザビリティ，患者安全，レジリエンス，プロセスエンジニアリング，効果的コミュニケーション，品質など．また，救急部門に関連した学部横断型カリキュラムの創成や病院のコアプロセス更新システムの実装なども実施．

Rogier Woltjer
　学術博士．スウェーデン防衛研究庁航空および情報部門上級研究者であり，かつリンショッピン大学コンピュータ・情報科学部門助教授．同大学より 2009 年に認知システム分野で博士号を取得．研究および産業界での業務の内容は，訓練，意思決定支援，指揮統制 (command and control)，リスク分析，インシデント分析，安全およびセキュリティマネジメントなどで，応用分野は航空管制，航空産業，緊急時および危機マネジメント．

---

　*3　*Resilient Health Care, Volume 2: The Resilience of Everyday Clinical Work*(Ashgate Studies in Resilience Engineering)，2015 を指すと推測される．

監訳者紹介

北村正晴（きたむら まさはる）

東北大学名誉教授，株式会社テムス研究所　所長

　1942 年，盛岡市生まれ．1970 年東北大学大学院工学研究科原子核工学専攻博士課程単位取得退学．同年，東北大学工学部助手，1992 年東北大学工学部教授．原子力プラント監視診断技術，ヒューマンファクター研究などに従事．2005 年 3 月東北大学定年退職．東北大学名誉教授．2005 年 4 月より東北大学未来科学技術共同研究センター客員教授．2012 年 3 月株式会社テムス研究所所長，現在に至る．

翻訳者紹介（五十音順）

大橋智樹（おおはし ともき）	宮城学院女子大学　学芸学部
狩川大輔（かりかわ だいすけ）	東北大学　大学院工学研究科
菅野太郎（かんの たろう）	東京大学　大学院工学系研究科
小松原明哲（こまつばら あきのり）	早稲田大学理工学術院　創造理工学部
高橋　信（たかはし まこと）	東北大学　大学院工学研究科
鳥居塚崇（とりいづか たかし）	日本大学　生産工学部
中西美和（なかにし みわ）	慶應義塾大学　理工学部
前田佳孝（まえだ よしたか）	自治医科大学　医学部　メディカルシミュレーションセンター
松井裕子（まつい ゆうこ）	株式会社原子力安全システム研究所　ヒューマンファクター研究センター

レジリエンスエンジニアリング応用への指針
レジリエントな組織になるために

2017 年 10 月 28 日　第 1 刷発行

編　者　Christopher P. Nemeth
　　　　Erik Hollnagel
監訳者　北村　正晴
発行人　田中　健

検　印
省　略

発行所　株式会社日科技連出版社
〒 151-0051　東京都渋谷区千駄ケ谷 5-15-5
　　　　　　DS ビル
電　話　出版　03-5379-1244
　　　　営業　03-5379-1238

Printed in Japan　　　　印刷・製本　東港出版印刷㈱

© *Masaharu Kitamura 2017*
ISBN 978-4-8171-9632-3
URL http://www.juse-p.co.jp/

本書の全部または一部を無断で複写複製（コピー）することは，著作権法上での例外
を除き，禁じられています．